U0171129

绿色宜居村镇建设项目工程
管理模式优选研究

刘晓君　吉亚茜　著

"十三五"国家重点研发计划课题
"绿色宜居村镇工程管理与监督模式研究"
（课题编号 2018YFD1100202）资助

科学出版社

北　京

内 容 简 介

全面推进乡村振兴会使我国"十四五"规划期间各类绿色宜居村镇建设投资持续增加,大量的绿色宜居村镇项目需要进行科学管理。但目前我国县级及以下许多工程项目管理模式传统、固化、混用,造成责任主体分割、多阶段衔接不良、工程质量和技术性能不能满足使用要求。绿色宜居村镇建设迫切需要回答四个问题:未来我国绿色宜居村镇典型建设项目有哪些;哪些典型村镇项目需要明确适用的工程管理模式;典型项目工程管理模式的影响因素有哪些;如何为典型项目匹配出最优的工程管理模式。为探索和破解上述问题,本书在"十三五"国家重点研发计划课题的支持下,在大量调查研究和科技论证的基础上,给出了有据可依且可供业界、学界和政府相关部门参考的答案。

本书可为绿色宜居村镇建设项目业主及建筑企业优选适用的工程管理模式提供理论指导,可作为政府部门制定绿色宜居村镇工程管理及监督办法的参考依据,也可供工程经济与管理等专业领域的本科生、研究生研读,还可作为欲了解绿色宜居村镇建设管理模式的读者的技术参考书。

图书在版编目（CIP）数据

绿色宜居村镇建设项目工程管理模式优选研究 / 刘晓君,吉亚茜著.
—北京:科学出版社,2022.4
　ISBN 978-7-03-070689-8

　Ⅰ.①绿…　Ⅱ.①刘…　②吉…　Ⅲ.①乡村建设－工程项目管理－管理模式－研究－中国　Ⅳ.①TU982.29

中国版本图书馆 CIP 数据核字（2021）第 232132 号

责任编辑:郝　悦 / 责任校对:王晓茜
责任印制:张　伟 / 封面设计:无极书装

科学出版社 出版
北京东黄城根北街 16 号
邮政编码:100717
http://www.sciencep.com

北京厚诚则铭印刷科技有限公司 印刷
科学出版社发行　各地新华书店经销

*

2022 年 4 月第 一 版　开本:720×1000　1/16
2023 年 1 月第二次印刷　印张:11 1/4
字数:224 000

定价:116.00 元
(如有印装质量问题,我社负责调换)

前　言

　　党的十九届五中全会明确提出，优先发展农业农村，全面推进乡村振兴。按照产业兴旺、生态宜居、乡风文明、治理有效、生活富裕的乡村振兴总要求，村镇必须建立健全城乡融合发展体制机制和组织体系，加快推进农业农村现代化。绿色宜居村镇是"乡村振兴战略"的总要求之一，是生态文明背景下推进新型城镇化，促进城乡统筹发展的重要举措。在国家政策、政府投资的引领支持下，"十四五"规划期间各类绿色宜居村镇建设投资将持续增加，大量的工程项目需要进行科学管理。通过调查了解到，绿色宜居村镇项目多为政府投资或政府投资与社会资本合作投资项目，但目前我国县级及以下政府部门工程项目管理人员数量少、流动快、专业化程度低、工程管理经验不足，通常习惯性地采用传统的平行发包工程管理模式，很少采用国家提倡的工程总承包和全过程咨询管理模式，致使许多工程建设中大量沟通协调工作不到位，造成部分基础设施项目建设方案论证不足，建成后的工程质量和技术性可能不能满足使用要求。在中央要求坚定不移贯彻创新、协调、绿色、开放、共享的新发展理念，以推动高质量发展为主题，以深化供给侧结构性改革为主线，以改革创新为根本动力，以满足人民日益增长的美好生活需要为根本目的的新的历史时期，传统落后的工程管理模式已不能适应形势发展的要求。绿色宜居村镇建设项目工程管理必须回答以下四个问题：未来我国绿色宜居村镇典型建设项目有哪些？哪些绿色宜居村镇典型项目需要明确适用的工程管理模式？绿色宜居村镇典型项目工程管理模式的影响因素有哪些？如何为绿色宜居村镇典型项目匹配出最优的工程管理模式？带着这些问题，本书课题组在"十三五"国家重点研发计划课题的支持下，在大量调查研究的基础上，为探索和破解上述问题付出了艰辛的努力，给出了有据可依且可供业界、学界和政府相关部门参考的答案。

　　第一，"十四五"期间我国绿色宜居村镇典型建设项目可分为 10 种类型。我国目前许多县级"十四五"规划确定的发展原则都特别注重两个方面：一方面坚持创新驱动，强化产业支撑，紧抓用好新一轮科技革命和产业变革重大机遇，深化"放管服"改革，完善融通创新生态，进一步发挥特色优势，大力培育发展新的经济业态，强化园区承载，加快工业化和信息化融合发展，推动工业转型、集群发展。另一方面是，注重发展的整体性、系统性、普惠性，突出抓好县城、重点集镇、产业园区等关键节点建设，充分发挥县城及其副中心对县域发展的辐射带动作用,加快形成城乡融合区域协调发展的新格局。在这种形势下,我国"十四五"期间绿色宜居村镇建设项目可分为基础设施网络化项目、基本公共服务设施项目、城镇村更新项目、环境整治项目、移民搬迁安置项目、生活便利设施项目、现代农业产业项目、多元产业融合项目、田园综合体项目、特色小镇项目等10种类型。

第二,通过研究明确了工程管理模式的绿色宜居村镇典型项目主要是5种类型。根据每种工程管理模式的特征和优缺点,可以推演出不同的工程管理模式的适用范围,进而找出每类绿色宜居村镇建设项目的工程管理模式。例如,根据国家现行工程总承包相关文件以及各省区市工程总承包模式实施细则的梳理,可知工程总承包管理模式适用于绿色宜居村镇建设中的政府投资项目,包含基础设施网络化项目、基本公共服务设施项目、环境整治项目、城镇村更新项目、移民搬迁安置项目、现代农业产业项目以及各类园区中的基础设施和公共服务设施项目;公司合作(public-private partnership,PPP)模式适用于环境整治项目中的污水处理、垃圾处理项目以及特色小镇项目。通过分析得知,目前田园综合体项目、现代农业产业项目、多元产业融合项目类别中的村镇文旅项目、基本公共服务设施项目类别中的村镇医疗项目以及环境整治项目类别中的村镇改厕项目几乎没有政策文件鼓励或优先采用的工程项目管理模式,所以本书的研究重点在于这五类项目工程管理模式优选。

第三,绿色宜居村镇典型项目工程管理模式的影响因素共有3大类、9大项、29小项。绿色宜居村镇典型建设项目工程管理模式的影响因素繁多,且研究文献甚少。本书运用扎根理论,采用证据三角形法梳理建设项目工程管理模式选择的影响因素,即基于文献研究的资料分析、实地调研访谈资料和国家发布的关于乡村振兴政策文件分析,通过开放性编码、主轴编码、选择性编码及饱和度检验,得到项目特征、业主特征及目标以及外部环境3大类别影响因素,项目属性、项目资金、项目不确定性、业主能力、业主目标要求、业主偏好、政治环境、社会环境、经济环境9个一级影响因素,以及项目类型、项目规模等29个二级影响因素。

第四,通过构建"三步走"模型为绿色宜居村镇典型项目匹配出最优的工程管理模式。第一步根据政策文件、研究文献和已形成的工程管理模式共识,对拟建项目工程管理模式进行适用性分析,初步确定适用于拟建项目的工程管理模式。第二步运用案例推理模型,在分析案例推理的基本流程后,设计出项目案例特征表示和检索方法,选用最邻近法进行案例匹配,选择相似度最高的历史源案例作为拟建项目的工程管理一级模式。第三步运用不确定多属性决策模型,为拟建项目选出群体偏差最小的方案,即决策出最优的建设项目工程管理二级模式,并通过田园综合体项目、现代农业产业园项目、村镇文旅项目、村镇医疗项目以及村镇改厕项目进行案例实证分析。

在本专著的撰写过程中，课题组李玲燕教授、李钰副教授对研究工作开展给予了大力支持。重庆市委原副书记、重庆市政府原副市长、国务院三峡工程建设委员会原副主任和重庆市政府原顾问甘宇平同志，重庆市垫江县县委原副书记梅时雨同志，重庆市永川区发展和改革委员会原主任石浩同志，陕西省咸阳市政法委书记韩宏琪同志，陕西省商洛市洛南县原县长王宇鹏同志、副县长李大为同志、景建民同志，咸阳市武功县县长姚俊峰同志、人大常委会副主任马俊祥同志、宝鸡市扶风县人大常委会主任王宽忍同志、法门镇党委书记张万峰同志，榆林市税务局郭清峰同志、绥德县税务局高旭林同志、佳县县委书记姬跃飞同志和副县长李伟同志，为本书研究工作的开展提供了许多有益的帮助。西安建筑科技大学硕士研究生王卓琳同学编撰了第 7 章案例，莫菲同学编撰了第 8 章案例，刘盼同学编撰了第 9 章案例，谢宇彤同学编撰了第 10 章案例。在此一并致以衷心的感谢。

"十三五"国家重点研发计划"绿色宜居村镇技术创新"重点专项 2018 年度项目"村镇建设发展模式与技术路径研究"（2018YFD1100200）负责人焦燕教授级高级工程师，以及项目组的其他课题负责人季翔教授、尹波研究员、黄献明教授级高级工程师为本书研究工作的开展提供了许多帮助，在此表示衷心的感谢。

尽管本书研究成果在广泛听取了同行专家和县、镇、村干部反馈意见的基础上，进行了多轮修改完善，但由于作者学识有限，不妥之处还请读者提出宝贵意见。

刘晓君　吉亚茜

2021 年 1 月 5 日

目　录

第1章 绪 论

1.1 研究背景及意义

中国自古以来就是一个以农业立国的国家。在我国现代化进程中，城的比重不断上升，乡的比重不断下降，这虽然符合世界各国发展的客观规律。但不管工业化、城镇化怎么发展，高品质农产品都有需求，现代农业都要发展，绿色宜居乡村都必须存在，现代化的城乡将长期共存。在国家现代化的过程中，不处理好城乡关系，农业农村发展滞后，农村人居环境不改善，农村就留不住生产要素，农业农村现代化就无法实现。农业农村不能实现现代化，中国特色社会主义现代化就无法真正实现。因此，农业农村发展关系中国经济持续健康发展和社会大局稳定，也关系到我国第二个百年奋斗目标的实现。

长期以来我国高度重视"三农"工作，在向第二个百年奋斗目标迈进的历史关口，2020年12月28~29日召开的中央农村工作会议又提出要把解决好"三农"问题作为全党工作重中之重，举全党全社会之力推动乡村振兴，促进农业高质高效、乡村宜居宜业、农民富裕富足。《中共中央关于制定国民经济和社会发展第十四个五年规划和二〇三五年远景目标的建议》中明确提出，"十四五"时期，要"加快农业农村现代化"。

1.1.1 我国绿色宜居村镇建设面临的任务和挑战

出于服务国家工业化、城镇化的需求，长期以来我国基础设施建设的重心在城镇，乡村建设严重滞后，导致城乡基础设施和公共服务水平差距较大。十九届五中全会通过的《中共中央关于制定国民经济和社会发展第十四个五年规划和二〇三五年远景目标的建议》[1]在提出优先发展农业农村，全面推进乡村振兴时，明确要实施乡村建设行动，一是把乡村建设摆在社会主义现代化建设的重要位置；二是强化县城综合服务能力，把乡镇建成服务农民的区域中心；三是统筹县域城镇和村庄规划建设，保护传统村落和乡村风貌；四是完善乡村水、电、路、气、通信、广播电视、物流等基础设施，提升农房建设质量；五是因地制宜推进农村改厕、生活垃圾处理和污水治理，实施河湖水系综合整治，改善农村人居环境。可见，中共中央为村镇未来建设和发展指明了发展方向，也给科学选择绿色宜居村镇建设项目工程管理模式提出了更高的要求。

1. 我国村镇建设的发展历程

我国村镇建设是在国家村镇发展战略和发展重点指引下发展起来的，村镇发展战略和发展重点主要体现在国家相关部门出台的一系列关于村镇建设的政策文件里。2000 年城镇健康发展的示范意见颁布，提出要加强道路、通信、水电等基础设施建设；2002 年《小城镇环境规划编制导则（试行）》颁布；2005 年村庄整治文件颁布，要求改善农民居住条件；2006 年农村中小学危房改造意见颁布，要求加强教育设施的建设，同年试行国家生态村创建标准；2006 年 2 月 21 日，《中共中央 国务院关于推进社会主义新农村建设的若干意见》发布；2008 年 8 月中国绿色名镇推介活动启动；2010 年开展国家级生态乡镇申报以及“一村一品”示范工程，主要发展特色产业为主导的村庄；2011 年《关于绿色重点小城镇试点示范的实施意见》[2]颁布，提出重点开展绿色生态设施建设；2012 年提出开展传统村落保护工作；2014 年颁布《关于做好 2014 年农村危房改造工作的通知》[3]，2015 年《中共中央 国务院关于加快推进生态文明建设的意见》[4]颁布，提出大力推进绿色发展、循环发展、低碳发展，弘扬生态文化，倡导绿色生活，加快建设美丽中国，同年颁布美丽乡村建设指南以及绿色农房建设指导意见，加大环境综合改善以及保护环境力度；2016 年《关于开展 2016 年美丽宜居小镇、美丽宜居村庄示范工作的通知》[5]颁布，要求积极探索符合本地实际的美丽宜居村镇建设目标、模式和管理制度，科学有序推进美丽宜居村镇建设；2017 年乡村振兴战略提出产业兴旺、生态宜居、乡风文明、治理有效、生活富裕 20 字方针以及“绿水青山就是金山银山”的绿色发展理念，指明了实现村镇发展和保护协同共生的新路径[6]；2017 年 5 月 24 日，财政部下发《关于开展田园综合体建设试点工作的通知》，提出要突出农业特色，发展现代农业，保持农村田园风光，留住乡愁，保护好青山绿水，实现生态可持续；2018 年实施乡村振兴战略；2019 年易地扶贫搬迁全面推进；2020 年规范特色小镇的健康发展。

从我国村镇建设的发展历程可以看出，我国村镇建设政策经历了完善基础设施、整治村庄环境、满足绿色生态以及信息化的要求、建设特色小镇再到绿色宜居健康发展的过程。相应的村镇建设也经历了新农村建设（2005 年）、绿色重点小城镇试点（2011 年）、绿色低碳重点小城镇建设（2011 年）、美丽乡村建设（2013 年）、特色小镇建设（2016 年）、打造田园综合体、创建绿色村庄（2017 年）、特色高质量发展（2018 年）等多个阶段。村镇建设目标也从起初的生产发展、生活富裕（2005 年）增加了后来的生态可持续（2013 年）、绿色低碳（2014 年）及宜居宜业宜游（2018 年）。目前，村镇推进绿色发展、生态文明建设，已是大势所趋，尤其 2018 年 1 月 2 日中共中央国务院《关于实施乡村振兴战略的意见》中提到推进乡村绿色发展，并明确指出乡村振兴背景下的村镇建设目标——到 2035 年美丽宜居村镇基本实现，2050 年乡村全面振兴，农业强、农村美、农民富全面实现[7]，更是为我国村镇发展提出了绿色宜居的时代要求，进一步明确了绿色宜居村镇建设的重要性与紧迫性。

2. 我国乡村建设行动的重点任务

"实施乡村建设行动"是《中共中央关于制定国民经济和社会发展第十四个五年规划和二〇三五年远景目标的建议》第七部分的一大亮点。实施乡村建设行动是针对城乡基础设施和公共服务水平存在较大差距的现状，把乡村建设摆在社会主义现代化的重要位置，通过开展大规模建设，力争在"十四五"时期使农村基础设施和基本公共服务水平有较大改善，推动城乡协调发展、共同繁荣，加快农业农村现代化。

前已述及，改革开放以来，我国乡村建设取得了明显成效。进入 21 世纪以来，特别是党的十八大以来，乡村建设全面提速，农村生产生活条件明显改善，城乡建设差距扩大的趋势得到有效遏制。但总的来看，我国农村基础设施和公共服务能力还不能适应实施乡村振兴战略、推进现代化国家建设的需要。截至 2019 年，全国仍有 12% 的行政村生活垃圾没有得到集中收集和处理；约 1/4 的村庄生活污水未得到处理，拥有卫生厕所的农户比例仅为 60%[8]。因此"十四五"时期我国乡村建设行动的重点任务，是完善乡村水、电、路、气、通信、广播电视、物流等服务于农村生产生活的各类基础设施，具体包括以下建设内容。

1）农业基础设施现代化建设

适应推进农业现代化需要，以高标准农田、水利设施、智慧农业装备等建设为重点，着力推进农业基础设施现代化，不断夯实国家粮食安全的基础。

2）基础设施网络化建设

适应推进农村现代化需要，以交通、电力、给排水、通信和农产品冷链物流建设等为重点，着力推进农村基础设施网络化，逐渐形成布局合理、城乡互通的基础设施体系。

3）生活设施便利化建设

适应农民群众日益增长的美好生活需要，以商贸综合体、快递物流、超市、电商等建设为重点，着力推进农民生活设施便利化，不断改善农村居住环境。

4）基本公共服务设施建设

适应城乡居民共享社会发展成果需要，以城乡基本公共服务均等化为重点，把社会事业发展重点放在农村，健全学校、住房保障、医院、疫病防控、健康养老、文娱体育、图书馆、文化站、残障事业等乡村基本公共服务设施，推进城乡公共服务标准统一、制度并轨。

5）环境整治工程建设

适应绿色发展需要，以环境友好型农业建设和农村环境整治为重点，加大农村面源污染防治力度，扩大退耕还林还草，继续推进农村垃圾污水治理、厕所革命和村容村貌提升，加快美丽乡村建设。

3. 我国乡村发展的时代特征

党的十九大报告中提出产业兴旺、生态宜居、乡风文明、治理有效、生活富裕的乡村振兴总要求，这是我国乡村发展的鲜明时代特征，说明乡村发展目标是多元化的，乡村振兴是一项系统工程，需要着重处理好几个协同发展的关系。

1）产城协同发展

乡村振兴需要产业带动，只有产业兴旺了，乡村才能聚拢人气、带动就业。国际上，不少知名跨国公司总部都设在小镇上。而我国产业都在向大中城市聚集，许多县城缺乏产业支撑，大多数乡村只有种养环节，加工、流通等都到了城市。未来应重点突出县城、中心集镇、产业园区基础设施和公共配套设施建设，以城、镇、园区为核心，以重要交通干道为轴线，连点成线，多点成面，建立城乡基础设施一体化发展格局。充分发挥县城、副中心对县域发展的辐射带动作用，引导适合农村的产业向县域布局，积极发展装备制造、汽车、循环经济、农产品精深加工、电商物流等产值高、税收好、带动能力强的产业，努力形成借城带产、聚集提升的发展态势。

2）城乡协同发展

推进乡村全面振兴，核心是重塑工农城乡关系，扭转长期以来"重工轻农、重城轻乡"的思维定式，打破城乡二元分割的体制藩篱，做到以工促农、以城带乡，城乡互补、工农互促，推动城乡要素平等交换、公共资源均衡配置，真正建立起向农村倾斜的城乡融合发展体制机制。未来我国县域应积极采用云计算、物联网、大数据、人工智能等信息技术，大力推动平台经济、智能经济、分享经济跨界融合，打通电商物流与农业生产和农民生活融合最后一公里的堵点，改善农村营商环境，发展特色农业、生态农业，使农产品供需无缝连接；注重延长订单、定标、生产、质检（分选）、储藏、加工、内销、出口等产业链条，努力形成规模化、集约化、标准化、品牌化的现代农业发展新格局，把就业、效益、收入更多留在农村，达到城乡一体化发展的效果。

3）"一二三产业"融合

"一二三产业"融合发展特别适合农村特色产业发展模式下的建设项目，具有园区化、专业化、规模化、产业化、智慧化的特点，主要包括现代农业产业园、农产品深加工、畜产品养殖、特色种植、休闲旅游农业等类型。现代农业产业园示范项目通常采用政府＋龙头企业＋农产品电商云平台＋合作社＋村集体＋农户模式,由县发展和改革局负责招商,引进专业企业或种植大户;专业企业整合订单、经营销售渠道并集中管理流转土地、各类劳务等资源;县农业农村局和乡镇配合建设地下供水管网、田间道路设施等;园区合作社负责选择优质品种、园区田间管理、供应链品质控制;土地流转后的村民腾出精力,可以外出打工,也可以在园区务工,实现了专业企业、村集体、村民的多赢,实现了一二三产业联运和融合发展。

4)多元产业协同发展

乡村振兴要求做到生态宜居、乡风文明,意味着乡村发展必须坚持生态底线、绿色发展,重视优秀传统文化传承创新,努力提升保持水土、涵养水源能力,改善生态功能,实现防洪安全、生态保护、经济发展的有机融合。依托历史文化遗存,弘扬中华优秀传统文化、红色文化、爱国文化、感恩文化,创新出农业 + 旅游 + 文化 + 生态 + 康养 + 研学 + 特色产业的多元化发展模式,包括田园综合体、特色小镇、工业产业园区、循环经济产业园区、高新科技产业园区等。

5)经济社会环境协同发展

绿色发展理念强调,既要金山银山,又要绿水青山,既要坚守生态环境底线,又要充分利用生态环境,让生态环境优势充分转化为经济发展优势。绿色宜居村镇也不是单纯保护环境,而是要在村镇经济发展基础上建设绿色宜居村镇,实现经济发展与环境保护相互促进、相得益彰。这就要求牢固树立和贯彻落实绿水青山就是金山银山理念,科学认识绿色宜居村镇建设与经济发展之间的辩证关系,将经济发展与生态文明建设有机融合起来,努力实现绿色宜居村镇建设与经济高质量发展相辅相成。

4. 我国新时期村镇建设项目主要类型

我国新时期村镇建设项目分类可以从发展模式和投资主体两个方面进行。

从发展模式角度来看,县城、中心城镇、产业园区发展模式不同,产生的建设项目类型会有所不同。未来"十四五"期间我国绿色宜居村镇基于发展模式的建设项目类型如图 1.1 所示。

1)产城协同发展模式下的建设项目类型

该模式比较适合县城及相关产业发展,其项目类型包括交通、电力、给排水、雨污分流、通信和农产品冷链物流等基础设施网络化项目;学校、医院、图书馆、文化馆、保障性住房、疫病防控、健康养老、文娱体育、残障事业等基本公共服务设施项目;移民搬迁安置项目,包括扶贫移民、避灾移民、生态移民、建设移民和健康移民;垃圾处理、污水处理、清洁用能等县城环境整治项目;老旧小区改造、节能改造、建筑绿色化等县城更新项目;商贸综合体、电商超市、快递物流等生活便利设施项目;多元产业融合项目。

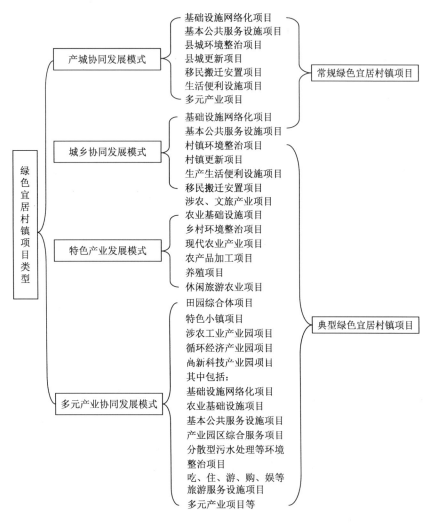

图 1.1　基于发展模式的建设项目类型图

2）城乡协同发展模式下的建设项目类型

该模式比较适合中心镇发展，其项目类型包括交通、电力、给排水、雨污分流、通信和农产品冷链物流等基础设施网络化项目；学校、医院、图书室、文化站、健康养老、残障事业等基本公共服务设施项目；移民搬迁安置项目，包括扶贫移民、避灾移民、生态移民、建设移民和健康移民；河湖水系综合整治、垃圾处理、污水治理、农村改厕、清洁取暖等村镇环境整治项目；老旧小区改造、节能改造、建筑绿色化等村镇更新项目；电商超市、快递物流等生产生活便利设施；涉农、文旅等多元产业融合项目。

3) 特色产业发展模式下的建设项目类型

该发展模式比较适合乡村农业特色产业发展,具有专业化、规模化、产业链化、智慧化的特点,主要包括现代农业产业园、农产品加工、养殖业、休闲旅游、观光农业等类型。建设项目主要有高标准农田、水利设施、智慧农业装备、仓储物流设施等现代农业产业项目;垃圾处理、污水治理、农村改厕、清洁取暖等乡村环境整治项目。

4) 多元产业协同发展模式下的建设项目类型

多元均衡发展模式,也即农业+旅游+文化+生态+康养+研学+特色产业的多元化发展模式,承载建设项目的是田园综合体、特色小镇、涉农工业产业园区、循环经济产业园区、高新科技产业园区等。建设项目主要有交通、电力、给排水、雨污分流、通信和农产品冷链物流建设等基础设施网络化项目;商务办公中心、会议中心、培训中心、人才公寓、产品展示中心、智能云仓和智慧物流中心、商贸综合体、产品研发中心、检测中心等产业园区综合服务项目;高标准农田、水利设施、智慧农业装备、仓储物流设施等农业基础设施项目;分散型污水处理等环境整治项目;吃、住、游、购、娱等旅游服务设施项目;基本公共服务设施项目;多元产业协同发展项目等。

从投资主体角度来看,图 1.1 中绿色宜居村镇建设项目大都属于政府投资的范围,可以直接投资,也可采取资本金注入方式鼓励社会资本参与建设,还可以采取政府和社会合作投资。随着政府职能的转变,越来越多的民营企业投资主体将会加入到绿色宜居村镇建设中来。按照谁投资谁决策的原则,政府投资的决策主体是政府部门。根据《政府投资条例》规定,目前绝大部分建设项目决策权限只停留在县级及以上政府。绿色宜居村镇建设政府投资项目分类如图 1.2 所示。从图 1.2 中可以看到,我国"十四五"期间绿色宜居村镇建设项目可分为基础设施网络化项目、基本公共服务设施项目、城镇村更新项目、移民搬迁安置项目、环境整治项目、生活便利化设施项目、现代农业产业项目、多元产业融合项目、田园综合体项目、特色小镇项目等 10 种类型。

5. 我国村镇建设项目工程管理现状

在农业农村现代化和乡村振兴战略的指引下,我国政府进一步加大了绿色宜居村镇建设的支持力度,各地乡村建设项目大幅增加[9]。目前投资绿色宜居村镇建设项目的业主中,政府直接投资、政府资本金注入投资、政府和社会资本合作投资[10]占据相当大的比例,随着政府职能的转变,越来越多的民营企业投资主体会加入到绿色宜居村镇建设中来。由于多方面原因,以往县级及以下政府投资的绿色宜居村镇建设项目多采用平行发包的工程管理模式,偶尔采用总承包模式或项目融资模式。民营投资主体建设项目的规模较少、技术含量较低,一般采用

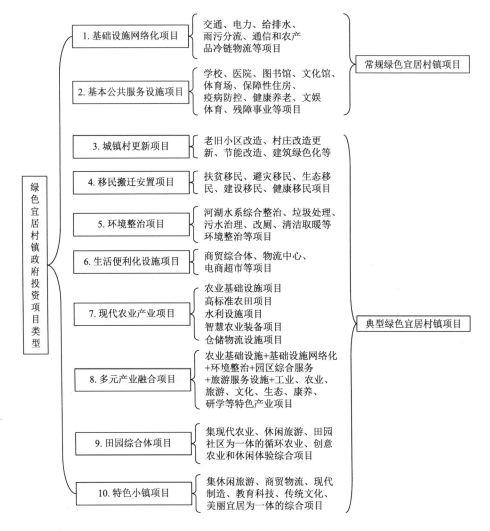

图 1.2　基于建设项目投资主体的项目分类图

以最大限度节约经费的灵活多样工程管理模式。总体上来看，村镇工程管理模式组织方式传统落后，甚至存在工程管理模式混用且忽略二级模式的现象[11]。

本书课题组在调研江苏省苏州市、仪征市、南京市，广西隆安县，甘肃省兰州市，重庆市垫江区以及陕西省商洛市、咸阳市、宝鸡市、榆林市等 21 个村镇新建项目的工程管理模式后，得出运用设计-招标-建造（design-bid-build，DBB）模式的项目有 12 个，运用设计-采购-施工（engineering procurement construction，EPC）模式的项目有 4 个，运用自建模式的有 5 个。运用较为广泛的是 DBB 模式，自建模式以及 EPC 模式较少使用。

1）DBB 模式

　　绿色宜居村镇大多数建设项目都是政府投资项目。政府负责审批项目建议书、可行性研究报告和初步设计，项目立项后进行设计、施工招标，依据合同对项目进行质量、进度、投资控制。该模式的优点是，政府投资主体熟悉合同，对项目的设计可以把控，且有助于业主对项目全过程监管，如吴江国家现代农业示范项目、商洛市洛南县音乐小镇项目。

2）自建模式

　　调查显示，自建一般是村民建房，包括个人建房和集中建房。课题组在陕西省洛南县调查了 97 户农宅，大部分是村民自建的，且住宅的建造年代大都在 2010 年以后（图 1.3），村民根据生产生活的需要对房屋进行新建或扩建，如陕西省洛南县三义村、北斗村和黑潭村等。村民作为建设主体，地方政府负责监管，村民根据自己的需要为建设农宅提供资金，并聘请当地的施工队进行建设，地方政府在技术和质量安全方面提供服务指导。随着国家加强对村镇建设的帮扶力度，近期涌现出统规自建、统规统建、统规联建等方式，如江苏省仪征市陈集镇双圩村、咸阳市武功县谭寨新村农村住房建设试点项目等。

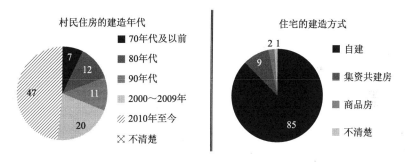

图 1.3　村民住宅建造年代及建造方式

3）EPC 模式

　　村镇建设项目一般会在立项、审批完成后，选择一个具有工程项目总承包资质的企业完成项目的设计施工管理。总承包模式与其他模式相比，可以统筹协调使各方在项目管理中的优势最大化，并有效地实现各方的管理目标。对于乡镇人民政府来说，有助于降低政府人员的工作量，但也会增加相应的协调管理费用。通过调研发现陕西省柞水县下梁镇、洛南县保安镇等地方负责村镇建设的人员配备不足，通过使用总承包模式有效缓解了人力资源不足的矛盾，有助于项目的成功实施。坐落在咸阳市武功县的陕西农产品加工贸易示范园区项目 2019 年引进了国有企业中国铁路通信信号股份有限公司作为总承包单位，按照 EPC 模式进行园区基础设施建设，建设期 2 年，目前已投入 5 亿元，建设了主干道路、桥梁以及园区污水厂的配套管网三个项目，其中污水处理厂拟采用 PPP 模式引进陕西水务集团有限公司，污水处理厂日处理 3 万吨，承载 7000 亩^①园区以及周边村镇的污水处理任务。

6. 我国村镇建设项目工程管理中存在的主要问题

政府投资项目绝大多数都是市场不能有效配置资源的社会公益服务、公共基础设施、农业农村、生态环境保护和修复等项目，投资规模大、涉及范围广、群众关注度高，需要村集体以及村民民主参与，能源评估、环境评估、风险评估、土地规划等前置审批严，再加上绿色宜居的多目标约束，在项目立项、规划、设计、施工以及运营过程中的监督、管理、沟通、协调工作量巨大。民营企业投资主体地位确立后，政府也要通过事中、事后监管行使引导、服务和监管的职责。但政府建设管理部门存在人员配备少、岗位流动快、工程经验不足、专业化程度低和工程建设中大量沟通协调工作不到位的客观情况，导致工程管理模式单一、固化、混用，造成责任主体分割、多阶段衔接不良、设计方案论证不足，施工现场变更繁多，项目工期长，投资控制困难，直接造成建成后的工程质量和技术性能不能满足使用要求以及"规建管"不结合等问题。

7. 我国村镇建设项目工程管理面临的挑战

总承包模式是当前国际工程承包中一种被普遍采用的承包模式，可以使成本降低 5%[12]，也是在当前国内建筑市场中被我国政府和我国现行《建筑法》积极倡导、推广的一种承包模式。工程总承包模式，可以促进工程建设提质增效，推动建筑业发展，更好发挥投资对经济的促进作用。2016 年 5 月住房和城乡建设部印发《关于进一步推进工程总承包发展的若干意见》。2017 年 2 月国务院办公厅印发《关于促进建筑业持续健康发展的意见》，要求加快推行工程总承包，并指出采用推行工程总承包和培育全过程工程咨询方式可解决建筑行业发展组织方式落后的问题。2017 年国家标准《建设项目工程总承包管理规范》发布。2019 年 12 月，住房和城乡建设部、国家发展改革委联合印发《房屋建筑和市政基础设施项目工程总承包管理办法》。2020 年 12 月住房和城乡建设部正式印发《建设工程企业资质管理制度改革方案》，明确提出大力推行工程总承包。

党的十八大以来，党中央、国务院大力推进简政放权、放管结合、优化服务改革，充分发挥市场在资源配置中的决定性作用和更好发挥政府作用，充分发挥政府投资的引导作用和放大效应，完善政府和社会资本合作模式。投融资体制改革取得的新突破，使企业投资自主权进一步落实，调动了社会资本积极性。《中共

---

① 1 亩≈666.67 平方米。

中央关于制定国民经济和社会发展第十四个五年规划和二〇三五年远景目标的建议》明确提出，加快转变政府职能，深化简政放权、放管结合、优化服务改革。未来绿色宜居村镇建设中，国家也会建立和完善企业自主决策、融资渠道畅通，职能转变到位、政府行为规范，宏观调控有效、法治保障健全的新型投融资体制。

　　新时代我国县域全要素协同发展的时代特征，产生了产城协同、城乡协同、一二三产业协同和多元产业协同发展的模式，催生了许多村镇特有的建设项目类型，如田园综合体、现代农业产业基地、村镇环境整治工程、农产品加工、储运产业园等项目，这些项目往往既包括基础设施项目，又包括经营类项目，既有建设也有运营，涉及多类投资主体，关乎国家、村集体以及村民的利益，经济、环境、社会等目标发展协调任务加重，规划、建设、运营等阶段联系紧密程度增强，但却没有现成的工程管理模式可以借鉴。因此，在我国绿色宜居村镇建设中，匹配适合我国村镇发展的、具有中国特色的建设项目工程管理模式是我国工程管理人员面临的重大挑战，优选适合项目本身特征的工程项目管理模式，对于保障规划、建设、运行目标的实现具有重要的作用。

1.1.2　绿色宜居村镇工程管理模式优选的意义

　　绿色宜居村镇发展是全面实施乡村振兴战略的关键，也是衡量乡村振兴成果的重要方面之一[13]。但是绿色宜居村镇建设项目管理活动是一项复杂的系统工程，村镇建设项目管理存在模式陈旧单一、传统固化、模式混用、忽略二级模式等问题，妨碍了绿色宜居村镇的健康发展。开展绿色宜居村镇建设项目工程管理模式的优选研究，在于切实推动传统村镇的绿色进程，为绿色宜居村镇建设项目可持续发展奠定基础。

1. 理论意义

　　当前学术界对建设项目工程管理模式的选择有一定的研究，但都较为宽泛。虽然有部分学者聚焦于某类项目的工程管理模式选择，如高速公路、机场、民用建筑工程等，甚至农村土地整理工程管理模式也有学者进行了研究[14]，而对于绿色宜居村镇特有的田园综合体、现代农业产业基地、多元产业融合产业园区、村镇环境整治等建设项目的工程管理模式的研究较少。因此，本书在国内外已有研究成果的基础上，结合绿色宜居村镇建设项目类型，对常规工程项目管理模式进行归类并确定二级模式的分类；结合典型村镇绿色宜居建设项目的特点，建立相应的绿色宜居村镇项目案例库，运用扎根理论建立绿色宜居村镇建设项目管理模式选择的指标体系，构建绿色宜居村镇建设项目工程管理模式优选模型。本书补充了学术界对建设项目工程管理模式的归类,完善了工程管理模式选择指标体系,拓宽了工程管理模式选择理论的边界,丰富了工程管理模式优选的理论体系。

2. 现实意义

本书提出了"三步走"的绿色宜居村镇建设项目工程管理模式优选模型,第一步,先通过已有工程管理模式分类体系判断适用于拟建项目的工程管理模式,如果没有合适的工程管理模式即进入第二阶段;第二步,通过案例推理判断选用哪一类项目工程管理模式;第三步,运用不确定多属性决策模型来选择一级模式下对应的二级模式。第二步和第三步的两个模型,主要是针对现有案例库数量较少以及当前笼统采用一级模式不细分具体的二级模式,因此无法直接匹配出二级模式的情况。通过将案例客观推理与不确定多属性决策模型主观推理结合起来,可以给绿色宜居村镇建设项目工程管理模式的选择提供更为可靠的依据,为未来的绿色宜居村镇建设项目工程管理模式优选提供一种行之有效的方法。

1.2　研究现状及评述

1.2.1　工程管理模式选择研究综述

通过文献检索发现,专门研究我国绿色宜居村镇建设项目工程管理模式的文献较为欠缺,所以本书针对绿色宜居村镇建设项目工程管理模式选择,梳理了建设项目工程管理模式选择的影响因素、各类建设项目工程管理模式选择、工程管理模式选择评价方法三个方面的研究现状。

1. 建设项目工程管理模式选择影响因素研究现状

谭笑和孙杰[15]从项目业主自身能力、项目实际情况、特定项目要求和外部环境影响四个方面分析项目管理模式选择的影响因素,研究结果有助于业主在项目初始阶段选择相对合适的项目管理模式。曾洁和曹春红[16]、郭璐[17]主要从所有者能力、项目特征、项目目标控制和外部环境四个方面进行分析,通过对多元回归统计模型分析发现,影响 DBB 模式选择的关键因素是业主的能力、项目目标控制、外部因素,影响 EPC 模式和项目管理承包模式选择的关键因素都是项目的特征和项目的目标控制。An 等[18]选取了项目特点、客户需求和偏好以及施工环境三大类别,包含 14 个影响因素并用区间值直觉模糊集来选择合适的项目管理模式。Khwaja 等[19]主要从成本、工期、变更、承包商、项目本身以及风险六个方面展开,建立了决策模型,对各项目选用 DB(design and build,设计-建造)或 DBB 模式进行差异化分析,最终决定选用偏差值最低的项目管理模式。Touran 等[20]通过九个案例研究了主要项目管理模式，包括设计-投标-建造、设计-建造以及设计-建造-运营-维护，研究发现，在选择工程管理模式时，积极的进度控制是最有影响力的因素。Mollaoglu-Korkmaz 等[21]在进行了全面的案例研究分析后，得出以下结论，建设者的早期参与似乎是项目成功以及确定项目交付过程中高水平的关键因素。姜军等[22]主要从业主自身、施工单位、工程本身、工程环境以及第三方单位五个方面来分析工程管理模式选择的影响因素，评估出每个因素的重要程度，再以港珠澳大桥项目为实例，结果显示 DB 模式优于其他模式。

2. 各类建设项目工程管理模式选择研究现状

Antoine 等[23]研究美国高速公路建设时，通过比对 200 万美元到 100 万美元成本的变化过程，从项目工期、项目成本以及项目强度三方面确定 DB 与 DBB 模式的绩效目标，结果表明，CM[①]/DB 模式优于 DBB 模式。Demetracopoulou 等[24]也是研究高速公路项目 DB 模式与 DBB 模式的优劣，利用当地运输部门开发的定量数据测算工具，确定了项目特征是影响工程管理或项目交付模式选择的重要影响因素。张慧等[25]通过应用实例的外部环境、管理结构、目标控制和资源结构四方面选择调水工程的工程管理模式，结果表明委托管理模式合理有效。Moon 等[26]从多户住宅建设项目的所有者的需求、所有者特征、项目特点以及外部环境四方面来选择合适的工程项目管理模式。沈咏梅等[27]通过项目特点、项目目标要求、业主能力、项目外部环境以及合同方式五方面分析军队工程管理模式的评价和选择研究，结果表明，军队工程应选择 PMC[②]模式。陈清瑜[28]主要通过分析代建单位的综合能力、项目特征、业主需求以及外部因素四方面，以新建高校基建项目为例，选择代建模式并根据实际情况提出相应的对策建议，有助于完善代建模式在高校基建项目中的应用。

根据以上分析，在建设项目工程管理模式选择中，建设项目工程管理模式选择的评价指标详见表 1.1。

表 1.1 项目管理模式选择的评价指标

指标	参考文献
项目规模	[12][19][24][27][29][30][31][32]
项目类型	[11][12][19][20][24][32]
项目的复杂程度	[11][12][19][24][27][30][31][32][33]
投资额度	[11][27][32][33]

① CM，即 construction management，施工管理。

② PMC，即 project management contracting，项目管理承包。

续表

指标	参考文献
设计方案	[11][20][32]
业主类型	[11][12]
类似项目经验	[11][12][27][30][33]
工期控制需求	[11][12][19][20][24][30][31][32][33]
成本控制需求	[11][12][19][20][24][27][30][31][32]
质量要求	[12][19][20][24][30][31][33]
冒险的意愿	[11][12][19][20][27][30][31]
业主参与度	[12][20][27][30][32][33]
业主方建设管理能力	[11][19][27][30][31][32][33]
对发包方式的偏好	[19][30][31]
思维惯性	[11][20]
控制权配置	[11][20][27][30]
法律法规	[11][12][19][27][30][31][33]
市场竞争	[11][12][20][27][32][33]
工程索赔	[12][24][27][30]
承包商的可供选择性	[11][20]
施工现场条件	[19][20]
政策引导	[11][20]

3. 工程管理模式选择评价方法研究现状

目前，国内外专家学者对建设项目工程管理模式的评价进行了较为深入的研究，主要分为多元统计分析方法、多属性分析方法以及基于知识积累的方法三种。有证据表明，通过使用先进的技术方法或技术设备，只能使项目利润增加3%～5%，而完善的管理实践可以使项目利润增加10%～20%，可见选用合适的工程项目管理模式可以提高项目管理效率[29]。

1）多元统计分析方法

专家学者对于项目工程管理模式选择的研究，主要通过问卷形式获取数据，再采用多元统计分析方法对数据进行统计处理，得出影响项目工程管理模式选择的关键因素。Moon 等[26]构建了多户住宅建设项目工程管理模式选择的评价体系，运用逻辑回归分析、因子分析确定项目工程管理模式，梳理 16 个 DB 住宅建设项目和 69 个 DBB 住宅建设项目用于相关分析，结果表明模型的预测精度为 95.0%，证明了所开发模型的可靠性。曾洁和曹春红[16]、郭璐[17]对建设项目工程管理模式选择的影响因素进行了讨论，选择了 4 个一级指标和 11 个二级指标，通过问卷调查结果统计和多元回归模型的分析，为业主选择项目管理模式提供了一定的参考。

2）多属性分析方法

每一个决策问题都很复杂，对复杂问题可采取解偶的方法，对每个分解的方案进行组合后运用不确定多属性决策方法，最终寻求最优方案，这种方法称为多属性分析方法。由于建设项目决策主体在选择工程管理模式时对不同的项目有不同的偏好，因此只能选出相对最优的方案。多属性分析的方法主要包括具有多个属性的不确定决策方法、层次分析法（analytic hierarchy process，AHP）、多目标线性规划方法、价值和效用理论方法等，其中使用最广泛的是层次分析法和改进的层次分析法[30]。当采用层次分析法时，首先应有完备的影响因素指标体系，再选择该领域权威的专家打分确定相应的各个指标的权重，最后得到每个项目管理模式的综合评价值。

Khanzadi 等[31]提出一种用于项目交付系统选择的综合模糊 AHP 多准则群决策方法，并在大坝和水力电厂项目实施应用，验证该方法的可实施性。陈清瑜[28]、陈国柱[32]、张慧等[25]、孙洁等[33]、贾学军和江兰[34]等学者广泛采用层次分析法判断工程建设项目管理模式选择的影响因素权重，并根据关键影响因素提出相关的对策建议，以期为项目工程管理模式的选择提供参考依据。齐宝库等[35]运用层次分析法和综合评价法对各种项目工程管理模式进行选择和评价，在此基础上对影响政府投资项目工程管理模式的因素进行确定，最终结果表明 PMC 模式是最适用于政府投资项目的工程管理模式。方必和和李瑶[36]论述了土地整治项目是一个复杂的工程，为了实现土地整治的目标，可运用模糊层次分析法选出最优的工程项目管理模式。在大多数国内研究中，基本都是根据研究中的假设条件，建立相应的数学模型来解决建设项目工程管理模式选择的问题，且结论都是有效的。

3）基于知识积累的方法

建设项目工程管理模式选择有较多的不确定性，难以用固定的规则进行量化计算，然而目前只能通过专家和工程师的选择经验来指导模式的选择。因此，许多学者开始尝试使用案例推理（case-based reasoning，CBR）的方法进行系统性的分析，为建设项目工程管理模式的选择提供了一种决策方法。Zhao 等[37]收集了中国 71 个绿色建筑改造项目案例，运用案例推理的方法帮助业主从案例数据库中识别相似的案例，并从中提取有价值的决策信息，从过去案例中汲取的经验和教训可以指导决策者对新的绿色建筑改造项目做出更好的决策。Liu 等[38]考虑到建筑业的经验导向性，通过研究国际建设项目争议解决方案，收集历史成功的案例，得到相关案例特征并借助案例推理模型，选择相似度最高的项目，最后选取一个具有争端的案例，充分说明该模型的可操作性。

1.2.2 绿色宜居村镇建设研究综述

近十年来,绿色村镇的相关研究数量逐年增加。2011 年绿色村庄概念提出后,"十二五"国家重点研发计划课题主要针对严寒地区绿色村镇的综合发展策略展开研究。学界对于绿色村镇的概念一直没有统一的说法,大部分相关研究是在绿色建筑内涵的基础上有所延伸。宜居村镇的相关研究较少,主要从宜居村镇的评价体系和村镇建设实施方案两方面来研究,村镇建设主要聚焦于现状调研以及村镇规划。黄晓茹[39]、孙俊[40]通过调研,立足于村镇管理的现状,对现存问题进行剖析,进一步提出对策建议。庄永德[41]、曹璐等[42]指出了村镇规划存在的问题,提出了相应的管理措施。这些研究大都停留在从宏观管理层面对村镇建设项目的管理进行探讨。

1. 绿色村镇理论研究成果

曹斌[43]论述了 20 世纪 70 年代,随着日本逆城市化发展,农村居民对生活环境提出了新的要求,日本政府一方面加强乡村居住设施的建设及改造,另一方面改善乡村的生态环境,重视节约型能源的使用,使乡村更加绿色。张宇和朱立志[44]认为我国农村建设发展在取得重大成就的同时,也付出了资源破坏的沉重代价,"乡村振兴战略"提出生态宜居,就是必须以绿色发展为基础,积极发展绿色生产方式,制定绿色产业发展和产业绿色发展政策,实现绿色宜居的建设目标。马毅和赵天宇[45]结合严寒地区村镇的现状及发展需求,增添绿色的内涵,建立相应的数据库,包含数据库的框架、指标类型以及村镇的主要功能等三大类,以期为绿色村镇的发展提供帮助。王涛[46]从东北严寒地区选取 25 个典型案例,反映东北严寒地区绿色村镇的实际状况,在此基础上构建了严寒地区绿色村镇的评价指标体系,为严寒地区绿色村镇的发展提供支撑保障作用。胡月和田志宏[47]通过总结美国乡村政策的演变得出结论,美国政府在基础设施建设上投入大量的资金,要求尽可能使用绿色建筑材料,实现生态环保。

2. 宜居村镇理论研究成果

沈费伟和刘祖云[48]论述了发达国家政府对于村镇建设的支持,主要体现在颁布法律法规以及出台相关章程,如荷兰出台的《空间规划法》等,还包括政府在农村建设项目上提供大量的财力支持,如韩国为使农村更加生态宜居,在新村运动中投入 20 亿美元设立村镇建设项目资金等。马齐如等[49]以黑龙江省绥化市上集镇为例,建立包括村镇建设水平以及村镇居民满意度两个维度的评价体系,评价该村镇是否满足宜居的标准,对评价体系进行完善并判断权重,为发展宜居村镇提供对策建议。程金等[50]、李莹等[51]从生态文明建设角度出发,建立了北方宜居村镇的评价体系。

3. 绿色宜居村镇理论研究成果

袁凌等[52]在对文献调研资料进行整理之后,分析了我国农村住房的主要特点和面临的共同挑战,并初步提出了绿色宜居村镇住宅建造体系。李焕等[53]根据三个气候区的调研,分析了绿色宜居村镇基础设施的功能需求与类型,提出了基本满足绿色宜居标准的配建体系,以供绿色宜居村镇基础设施建设参考。杨建斌[54]提出绿色宜居村镇建设对经济提出新要求,提出基础发展、智慧乡村以及生态建设三条路径。李柏桐等[55]主要针对村镇地区进行调研分析,提炼出村镇住宅建造存在的问题,并完善了绿色宜居村镇住宅的标准体系。

4. 绿色宜居水平划分理论研究成果

周南南和张可[56]提出绿色水平主要考虑人口转移、经济增长、基础设施和生态环境四类一级指标。李晶和刘尔斯[57]从经济和社会发展状态、创新发展状态以及应用效果三方面建立模型,得出我国区域绿色创新发展水平整体偏低,且区域发展差异明显,存在不平衡现象,东部经济发达地区的区域绿色创新发展水平明显高于中、西部地区,但也不乏特殊情况,天津经济水平很发达,绿化覆盖率较低、产业结构偏重,转型困难,资源环境承载能力较低,绿色发展水平反而较低。张友国等[58]主要从发展动力、生产系统、生活系统以及发展效益四方面测度不同区域的绿色低碳循环发展水平,得到各省区市绿色低碳循环发展水平总体比较平衡,但高、中、低水平地区分布不平衡,且其变化态势呈现较大差异性。肖黎明等[59]主要根据我国地域广阔的特点,以及每个区域的人口和经济水平不同,按照中国区域划分的新方法,划分为八大区域,结果表明农村生态宜居水平的差距与经济水平的差距基本吻合。

1.2.3 已有研究成果述评

综上所述,国内外学者分别在建设项目工程管理模式选择和绿色宜居村镇建设方面进行了探索,形成了较为丰硕的研究成果和颇有见地的结论观点。但通过对比分析也发现已有成果存在一些不足,具体见表 1.2。

表 1.2　国内外研究对比分析表

	研究视角	评价方法	建设项目工程管理模式
国外	大型市政工程、商业建筑、高速公路等	多元回归、多属性分析法、案例推理	DBB 与 DB 模式的对比、项目管理模式的绩效比较
国内	工程建设项目、高校基建项目等	多属性分析法、多元回归	几种典型模式的决策、DBB 与 DB 模式的对比
本书	典型绿色宜居村镇建设项目（田园综合体项目、村镇文旅项目、现代农业产业园项目、村镇医疗项目以及村镇改厕项目）	不确定多属性决策、案例推理	对项目管理模式进行分类，并细分二级模式，进行三步选择模型构建

1. 已有成果的贡献

1）绿色宜居村镇方面

国内外学者主要从绿色村镇、宜居村镇两方面进行了研究，近年来研究呈不断增多的趋势。诸如该方面研究，为本书研究绿色宜居村镇的概念界定提供了良好的经验借鉴。

2）项目工程管理模式的选择方面

学者对这一领域的许多问题进行了研究，并取得了一定的研究成果。国内外的研究专家对影响项目工程管理模式选择的因素，有一个大概的结论，一般包含项目业主的自身能力、建设项目的实际情况、对工程的具体要求、外部影响因素等多个指标。工程项目管理模式的选择从仅仅是对案例的定性分析发展到现在运用一定的数理方法去解决这类问题。

2. 已有成果的不足

1）绿色宜居村镇方面

研究绿色宜居村镇建设项目工程管理模式优选的文献比较欠缺。国内外针对绿色宜居村镇建设项目进行工程管理模式选择的研究很少，缺乏统一的方案和观点，没有根据绿色宜居村镇建设的时代特征总结建设项目的类型和建设内容，实际建设项目工程管理模式存在混用、单一以及忽略二级模式的现象。亟须选择适合绿色宜居村镇建设项目自身特点的工程管理模式，为绿色宜居村镇建设项目工程管理模式选择提供案例借鉴和理论参考。

2）建设项目工程管理模式以一级模式为主

目前绿色宜居村镇建设项目工程管理的现状是，绿色宜居村镇建设项目成功案例较少，研究者在项目工程管理模式选择中大部分还是选择有限的建设项目工程管理一级模式，到工程管理二级模式选择余地就更少，存在项目工程管理模式混用或固化的问题。亟须厘清绿色宜居村镇工程管理模式选择影响因素，明确绿色宜居村镇典型建设项目工程管理二级模式，构建绿色宜居村镇建设项目工程管理模式优选模型，总结绿色宜居村镇典型建设项目工程管理模式基本规律。

在已有研究的基础上，本书基于扎根理论建立绿色宜居村镇建设项目工程管理模式选择的指标体系，补充该类研究的指标体系；对绿色宜居村镇建设项目进行分类，确定建设项目工程管理模式的分类，补充了学术界项目类型的分类范围；在工程管理模式选择中，以往的研究只针对一级模式，本书细化二级模式，采用"三步走"的项目工程管理模式优选模型，创新并选择出适合的二级模式，对绿色宜居村镇建设项目实施更具针对性。

1.3　本书主要内容及结构

1.3.1　研究内容

绿色宜居村镇建设项目管理活动是一项复杂的系统工程，不同地区社会经济环境发展差异性较大，同类项目在不同地区适宜的工程管理模式也可能不同。因此，本书首先阐述不同工程管理模式的优缺点及适用范围，界定研究范围和研究重点；其次探索建立绿色宜居村镇建设项目案例库，寻找不同地区不同类型绿色宜居村镇项目的成功案例，并挖掘各类村镇项目最适合的工程管理模式；通过界定工程管理模式选择影响因素，建立评价指标体系和评价模型，分析比较各种绿色宜居村镇建设项目的特征；基于案例推理和不确定多属性决策理论，构建"三步走"工程管理一级、二级模式选择模型；结合具体的实例，明确建设项目工程管理模式的选择过程，为探索绿色宜居村镇建设项目工程管理模式选择规律寻找行之有效的方法。本书的主要研究内容如下。

1. 绿色宜居村镇建设项目工程管理模式适用性分析

1）绿色宜居村镇建设项目类型确定

基于 2000～2021 年绿色宜居村镇政策文件的梳理，确定四阶段的发展演变历程，对村镇建设项目进行分类，根据建设主体不同项目主要分为政府投资项目、社会资本投资项目、村集体投资项目以及村民自建项目，同时分析绿色宜居视角下村镇建设项目的特点，形成对绿色宜居村镇建设项目的基本认知。

2）建设项目工程管理模式适用性分析

将国内外建设项目工程管理模式归为三大类，再对三大类工程管理模式进行二级模式细分，工程总承包管理模式分为 9 种二级模式，公共设施及服务私营化模式分为 10 种二级模式。在此基础上，对绿色宜居村镇项目类型进行划分，从项目管理模式的优缺点以及适应项目类型方面，初步判断各类建设项目适用的工程管理模式，确定本书研究的范围，也为绿色宜居村镇典型建设项目管理模式的选择奠定基础。

2. 绿色宜居村镇建设项目案例库构建及项目特征评价

1）案例库构建

第一步通过网上检索、文献阅读以及实地调研获取项目的基本信息，具体包括项目类别、项目位置、投资额度、项目工期、采用的工程管理模式、项目建设主体及承包单位等项目特征。第二步设立相应的入库标准。第三步构建项目特征评价体系。

2）运用扎根理论建立指标体系

第一步，搜集原始资料。通过实地调查及资料查阅，以近十年不同地域不同发展水平的村镇建设项目相关研究文献为基础，以广西、重庆、江苏以及陕西等地的实地调研访谈内容为补充，共同构成研究的原始资料。第二步，对原始资料进行三级编码。通过一级编码对原始资料不断分析比较，从中抽取概念；通过二级编码挖掘和建立各个范畴之间的内在逻辑关系，进一步将相近的范畴归类；最终根据三级编码探讨范畴之间的联系，形成影响因素概念模型。第三步，饱和度检验。本书用原始资料完成绿色宜居村镇建设项目工程管理模式优选影响因素的三级编码，进行饱和度检验时，随机选取两个文本进行三级编码，发现没有新的范畴概念，认为符合饱和度要求。最终，建立绿色宜居村镇建设项目管理模式选择的指标体系。

3. 绿色宜居村镇建设项目工程管理模式优选模型构建

1）设计问卷

在指标体系建立的基础上设计出调查问卷的初稿，之后邀请有相关建筑工程经验的人员进行填写，结合专家的试填问卷，对问卷进行修改，最终完成绿色宜居村镇建设项目工程管理模式选择问卷。

2）指标体系权重确定

通过问卷调查和深入访谈，明晰绿色宜居视角下村镇建设项目实施的基本情况；结合现有的研究，运用SPSS软件对指标进行因子分析，进行分类验证，得到最终的指标体系并确定权重。

3）构建项目工程管理一级模式选择模型

在构建案例库的基础上，设计基于案例推理的村镇建设项目管理模式选择原理框图，通过相应的入库标准对项目进行筛选，对指标体系进行案例特征描述，然后采用案例推理方法建立绿色宜居村镇建设项目工程管理模式的选择模型，实现项目工程管理一级模式的科学选择。

4）构建项目工程管理二级模式决策模型

根据案例推理得出的一级模式，对该项目工程管理模式的二级分类进行选择，运用不确定多属性决策方法中的基于正理想点与 LHA（the language hybrid aggregate，语言混合聚合）算子的绿色宜居村镇建设项目的选择模型，选择偏差度最小的最优方案，实现项目工程管理二级模式的选择。

4. 实证分析

选取田园综合体项目、现代农业产业园项目、村镇文旅项目、村镇医疗项目和村镇改厕项目进行实证分析。本书提出"三步走"工程项目管理模式选择模型，第一步根据政策文件和工程实践经验确定典型绿色宜居村镇建设项目是否存在常规的工程项目管理模式，随后确定典型绿色宜居村镇建设项目工程管理模式的大致方向；第二步运用案例推理方法的最邻近算法，采用四种局部相似度计算，确定项目管理一级模式；第三步采用不确定多属性决策模型，选取偏差值最小的方案作为适用的项目管理二级模式。通过与现实情况对比，验证模型的准确性。

1.3.2　研究方法

1. 文献分析法

本书在阅读大量绿色村镇、宜居村镇建设发展以及建设项目工程管理模式选择文献基础上，对该领域的研究现状进行分析，充分了解该领域的前沿进展情况，从而找到理论研究的盲点。对绿色宜居村镇建设项目概念进行界定，梳理绿色宜居村镇建设项目工程管理模式选择理论与方法，并在实地调研的基础上，确定了本书研究的内容及方法。

2. 实地调研法

本书通过赴村镇调研 21 个项目，全面了解绿色宜居村镇建设项目情况，全面把握当前存在的问题，收集整理项目相关资料，进一步梳理绿色宜居视角下村镇建设项目的主要特点，为后续项目工程管理模式评价体系的构建奠定基础。

3. 专家访谈法

本书围绕绿色宜居村镇建设项目工程管理模式选择指标体系的构建，以及案例库的充实，通过实地调研以及专家访谈获得村镇的第一手资料，通过扎根理论分析绿色宜居村镇建设项目工程管理模式选择的影响因素。

4. 扎根理论

本书基于扎根理论以及证据三角形法，建立绿色宜居村镇建设项目工程管理模式选择指标体系，主要包含项目特征、业主特征及目标、外部环境三个一级指标，项目属性、项目资金、项目要求及不确定性、业主能力、业主目标要求、业主偏好、政治环境、社会环境以及经济环境九个二级指标。

5. 案例推理法

本书基于绿色宜居村镇建设项目工程管理模式选择指标体系，构建案例特征表示的案例库，借助案例推理模型对其村镇建设项目管理模式选择影响因素进行评价，应用最邻近算法计算出绿色宜居村镇建设项目更适用于哪种项目管理一级模式，探索适合绿色宜居村镇建设项目的项目管理一级模式。

6. 不确定多属性决策方法

本书基于建立的指标体系以及梳理出的建设项目工程管理二级模式，运用正理想点以及 LHA 算子的方法对二级模式进行优选，即选出偏差量最小的方案即是最优方案，为绿色宜居村镇建设项目工程管理二级模式选择提供依据。

1.3.3 基本结构

本书针对绿色宜居村镇建设项目工程管理模式存在混用、固化且忽略二级模式导致"多阶段不衔接、多主体不协同"的问题，对绿色宜居村镇建设项目工程管理模式的选择展开研究。本书提出了"三步走"的建设项目工程管理模式选择模型，第一步根据政策文件确定部分规范项目适用的工程管理模式；第二步建立指标体系，形成用村镇项目案例特征表示的项目案例库，借助案例推理模型匹配出阈值最大的相似案例，输出项目管理一级模式；第三步采用不确定多属性决策方法对项目管理二级模式的方案进行方案优选，选取偏差值最小结果确定最优工程管理模式方案，最后借助案例实证分析验证该模型的可操作性与可行性。本书基本结构如图1.4所示。

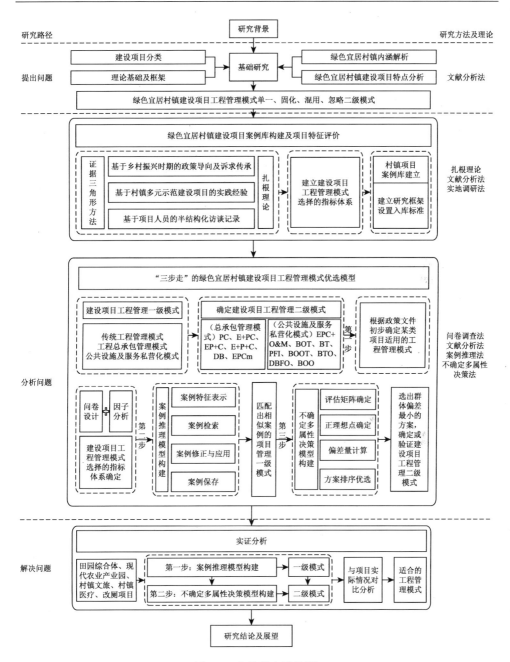

图 1.4　本书基本结构图

O&M 是 operations&maintenance 的缩写，即委托运行；BOT 是 build-operate-transfer 的缩写，即建设-经营-转让；BT 是 build-transfer 的缩写，即建设-移交；PFI 是 private finance initiative 的缩写，即民间主动融资；BOOT 是 build-own-operate-transfer 的缩写，即建设-拥有-经营-转让；BTO 是 build-transfer-operate 的缩写，即建设-移交-运营；DBFO 是 design-build-finance-operate 的缩写，即设计-建设-融资-经营；BOO 是 build-own-operate 的缩写，建设-拥有-经营

第2章 理论基础及研究框架

2.1 基 本 概 念

2.1.1 村镇

村镇是指除城市规划区外的镇和村庄，镇指的是城关镇、中心镇、一般建制镇以及非建制集镇，村庄包含自然村以及行政村，是指农村村民居住和从事各种生产的聚居点[60]，具体见图2.1。村镇的规模离不开人口的数量、土地面积的大小以及经济发展水平三方面，村镇不能完全割裂。一般中心镇是指在周围的镇当中具有更好的经济基础、位置也较为优越，基础设施完善，但也不排除村的建设模式比镇的还大，比如我国华西村、袁家村的发展已经达到镇的发展程度[44]。这充分说明村镇发展是一个动态的过程，我们不能以静态的眼光去看待村镇，且我国地域辽阔，村镇建设规模在土地、人口和经济方面差异很大，所以本书主要针对一定规模且有发展前景的村镇。

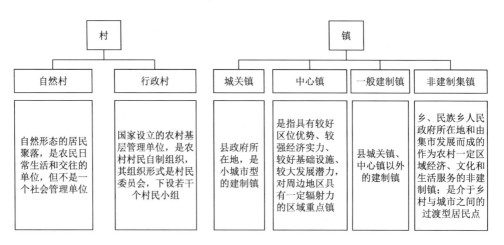

图 2.1 村镇概念图

2.1.2 绿色宜居村镇内涵界定

由"生产发展"到"产业兴旺"，由"村容整洁"到"生态宜居"，乡村建设内涵的变化反映了村镇发展的过程，也标志着绿色宜居村镇有着更为丰富的内涵。

1. 生产发展视角的绿色宜居内涵

绿色宜居村镇是结合村镇群众增收、经济发展的实际，围绕建设绿色宜居村镇发展规划的总体要求，从粗放式农业生产向现代农业和优质粮食工程转变，从效益好但排放也高的产业到效益好且排放低的绿色产业转型，大力发展绿色产业；将效益好但排放也高的传统产业升级为低碳环保的现代产业，使产业布局绿色化，让产业发展更多依靠科技创新驱动，更加资源节约和环境友好。

2. 村镇建设视角的绿色宜居内涵

绿色宜居村镇要满足适宜人类居住的环境要求[61]，从道路硬化、美化村庄等基础设施项目到"厕所革命"、污水垃圾处理等环境综合整治工程延展，从散煤燃烧向使用清洁能源迈进，提高房屋的舒适性和安全性，加强环境污染控制，不断改善居住环境。

3. 村镇建筑视角的绿色宜居内涵

我国村镇建设项目中有相当多的村镇公共建筑、民用建筑和商业建筑，这些建筑要满足国家绿色建筑标准，在居住者健康、安全、舒适的要求下达到实现节能、节水、节电、节材和环境保护的要求[62]，同时，提升建筑电器和设施智慧化的功能，使使用者更加便捷。

总之，绿色宜居村镇内涵是按照绿色发展、"两山理论"以及十九大提出的"乡村振兴战略"的要求，使村镇在经济、社会、资源、环境、信息、安全等六大方面得到充分发展，为农业农村现代化打好基础，推动城乡协调发展，真正实现城乡等值不同质。

2.1.3　绿色宜居村镇建设项目的特点

绿色宜居村镇建设是按照绿色发展、"两山理论"以及十九大提出的"乡村振兴战略"的要求，使村镇在经济、社会、资源、环境、信息、安全等六大方面得到充分发展。特别是在建设发展中要将环境保护作为建设绿色宜居村镇的首要条件，把牢生态底线，坚持绿色发展，走资源节约、绿色环保的创新发展道路。可以看出，从 2005 年提出新农村建设、2011 年提出美丽宜居村庄建设、2013 年提出绿色农房建设和农村垃圾处理、2016 年开展特色小镇培育到 2017 年田园综合体试点项目，国家一直在由点到面、自上而下地引领绿色宜居村镇的建设。2018 年乡村振兴战略全面实施，绿色宜居村镇建设也已从基础设施项目延伸到包括产业项目在内的各类项目建设，从建设项目的工程建设拓展到建设项目的整体规划、科学决策、资金筹措、发包承包、工程建设、交付使用、维护运营全生命周期，这给建设项目工程管理提出了更高的要求，更需要注重环境、经济、资源、社会、信息以及安全等的多维目标协调。总体来说，绿色宜居村镇建设项目具有如下特点。

1. 政府投资为主，积极鼓励社会资本参与

绿色宜居村镇建设项目工程管理要秉持可持续发展理念，实现环境保护和资源循环利用的目标。而环境保护和资源循环利用会增加项目经济成本，但产出的是溢出效益或外部效益，不利于企业投资主体利益最大化。所以要强化政府投入的引导责任，加大对绿色宜居村镇建设的支持力度。但是随着绿色宜居村镇建设需求的多样性，政府的供给不足会慢慢显现出来，因此需要转变政府职能，优化营商环境，积极引入社会资本更好地投入绿色宜居村镇建设。

2. 充分体现绿色、宜居内涵

绿色宜居村镇建设项目较传统村镇建设项目最大的区别在于，坚持以人为本，充分考虑人的健康、安全、舒适、宜居、宜业和发展，更多考虑清洁能源的使用以及污染物排放量的限制等，即追求的目标除实体建造过程控制工期、控制质量，保证安全性和成本外，更多考虑项目可持续发展[63]。

3. 工程管理难度更高

村镇建设项目由发展和改革局、自然资源局、住建局、农业农村局、乡村振兴局、文化和旅游局等政府管理部门以及规划、建设、设计、施工、运营等建设主体互相配合共同完成。绿色宜居村镇的建设不单是农宅的建设项目，更多包含了田园综合体、特色小镇、农业产业园、现代农产品生产基地等典型绿色宜居村镇建设项目。由于增加了较多新的功能需求，各主体的协同程度要求更高，各建设阶段衔接要求也更迫切，对整个项目和各主体的工程管理能力提出了更高的要求。

2.1.4　绿色宜居水平的地域分类

我国地域辽阔，不同地域经济发展水平、自然资源禀赋各不相同，绿色宜居水平也会不同。国务院发展研究中心根据绿色宜居建筑标准对不同地域水平进行评价，将中国大陆划分为八个区域，具体绿色宜居水平划分见图2.2，以避免在绿色宜居村镇建设过程中出现"一刀切"模式[59]。

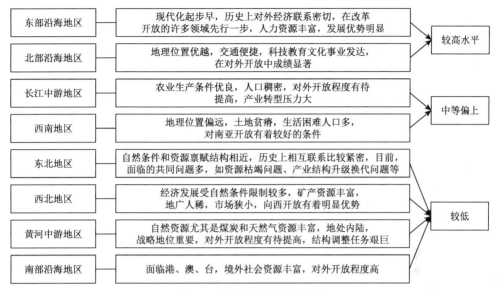

图 2.2　绿色宜居水平划分图

各地区村镇的经济发展水平不同，产业发展模式不同，绿色宜居水平也不同，适宜的项目工程管理模式也必然不同。这也是为什么已有文献在绿色宜居村镇建设项目工程管理模式选择优选因素中一般都会考虑外部环境因素的原因。

2.1.5　绿色宜居村镇建设项目分类

绿色宜居村镇的发展是由各类付诸实施的建设项目叠加而成。对单个村镇建设项目而言，为了实现绿色宜居和可持续的发展目标，建设项目的目标会变得更加多元化，包含经济、社会、资源、信息、环境、安全等目标，目标维度越多表示绿色宜居水平越高，目标之间的统筹协调难度越大，多元建设主体之间的协同程度要求越高，不同建设阶段的衔接要求越紧密，越强调村镇建设项目从规划到运营的全过程统筹智慧管理，越呼唤全生命周期的项目管理模式。

本书提出的绿色宜居村镇建设项目是在传统村镇建设项目基础上，融入环境、经济、资源、社会、信息以及安全等要素，以绿色宜居和可持续为目标导向的建设项目。根据我国村镇建设发展政策演化过程，可将我国村镇发展划分为四个阶段，见图 2.3，发展阶段不同，建设项目类型也会有所区别，见表 2.1。

第一阶段主要是新农村建设的提出，主要建设项目是农村基础设施项目；第二阶段是新农村建设的实施，主要是环境整治工程以及公共服务配套项目的完善，第三阶段是美丽宜居村庄/小镇建设，主要是田园综合体、特色小镇、传统村落保护以及改厕项目；第四阶段是乡村振兴战略的实施，主要是绿色农业产业、危房改造、环境整治、特色小镇、田园综合体、现代农业产业园区以及易地扶贫搬迁项目（表2.1）。可见，绿色宜居村镇建设项目的内容涉及村镇的方方面面，主要包含农宅建设、危房改造、基础设施建设、村庄改造、传统村落保护、公共服务配套项目、田园综合体项目、文旅项目、农村生活垃圾、污水处理项目以及农业产业项目。

图2.3 绿色宜居村镇建设阶段及项目梳理

表 2.1　绿色宜居村镇各发展阶段建设内容

建设阶段	建设项目
第一阶段 2000~2005 年新农村建设的提出	农宅建设（危房改造）、公共服务配套（通信、教育）等项目建设、基础设施项目（道路、电力、水利）
第二阶段 2006~2010 年新农村建设的实施	村庄改造项目、传统村落保护、公共服务配套项目（教育、医疗、文化等）
第三阶段 2011~2017 年美丽宜居村庄/小镇的建设	田园综合体项目、环境整治工程（污水、垃圾、改厕项目）、文旅项目、特色小镇
第四阶段 2018~2020 年乡村振兴战略的实施	田园综合体、特色小镇、现代农业产业园、搬迁安置工程（易地扶贫搬迁、生态搬迁项目）、农村生活垃圾、污水处理以及绿色产业项目（农业、工业、文旅等）

2.2　理论基础

2.2.1　扎根理论

扎根理论是定性分析方法中较为科学的方法，是对定性资料不断抽取概念的过程[64]。建设项目工程管理模式的选择往往是基于历史成功案例分析比对确定，扎根理论中的数据来源广泛，不受时间、地点以及项目特征的影响，把这些资料整合归纳提取，可使研究基础坚实牢固，得到的概念模型真实可信。鉴于绿色宜居村镇建设项目工程管理模式优选影响因素的研究缺乏理论依据，本书按照扎根理论的一般程序展开，对资料编码大致经过三个阶段（具体流程见图 2.4），最终进行饱和度检验，给出结果并讨论。

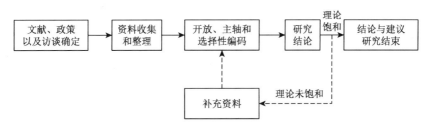

图 2.4　扎根理论研究流程图

2.2.2　案例推理方法

案例推理（CBR）是使用以前经历过的问题的特定知识，评估潜在的解决方案，并通过重做过程学习来更新系统。特别是，CBR 的使用被认为是决策支持的有效替代方法。通常 CBR 由 4R 阶段构成，即案例检索（Retrieve）、案例应用（Reuse）、案例修正（Revise）、案例保存（Retain），见图 2.5。

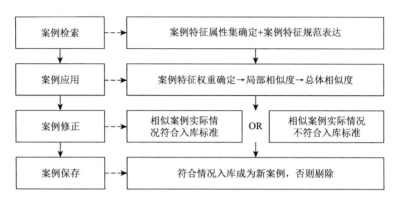

图 2.5 案例推理方法流程图

  CBR 作为人工智能领域中的一种推理技术手段，首先将目前要解决的案例当作目标案例[65]，并回顾已有的成功历史案例，利用相似度算法计算出目标案例与源案例的相似程度，匹配出相似案例，同时参考历史案例的实施效果，综合考虑选取出针对当前案例的最优决策方案[66]。

2.2.3 多属性决策理论

  多属性决策理论是现代决策科学的一个重要组成部分，该理论主要应用于工程经济领域，比如项目评估、招投标以及投资决策等方面。多属性决策理论在现实中主要是对相应的属性指标进行分析，然后通过计算偏差量来决策。多属性决策问题一般都有三个特征[67]，第一个是在不同的决策问题中，存在有限个备选方案，由同样的属性特征来描述；第二个是每个决策问题都有相应多个决策属性，确定某一决策问题后，对该问题涉及的属性特征进行分类确定；第三个是每位决策者都应该用区间值去描述每个属性特征对任一方案的适用程度，且每一个决策问题涉及的属性特征都需要进行权重的判定。多属性决策实质上是指在熟悉该决策问题的情况下，通过一定的运算对有限个方案进行排序选择，具体常用的不确定多属性决策方法有九种[68]（表 2.2）。

表 2.2 不确定多属性决策方法分类

权重类型	属性权重未知	已知部分属性权重	属性权重为实数
实数型	①	②	③
区间型	④	⑤	⑥
语言型	⑦	⑧	⑨

2.3 研 究 框 架

绿色宜居村镇建设项目工程管理模式选择存在"多阶段不衔接"以及"规建管"不结合的问题，具体表现是绿色宜居村镇建设项目存在工程管理模式陈旧单一、传统固化、模式混用、忽略二级模式等问题，但学界对绿色宜居村镇建设项目及其工程管理模式研究不足。针对这些问题，首先，本书通过梳理绿色宜居村镇政策，对绿色宜居村镇以及绿色宜居村镇建设项目内涵进行界定，对绿色宜居村镇项目进行分类后，对各个建设项目工程管理模式的适用范围进行分析梳理，根据现有项目工程管理模式确定绿色宜居村镇建设项目工程管理一级模式和二级模式分类，初步确定绿色宜居村镇项目类型的适用项目管理模式，界定本书的重点探索范围。其次，通过建立案例特征指标体系，对以往成功的案例进行案例库构建。再次，针对以往绿色宜居村镇建设项目工程管理模式指标体系研究基本属于空白状态的情况，本书运用扎根理论及证据三角形法对访谈文本、政策以及文献进行分析，建立相应的指标体系。最后，基于绿色宜居村镇发展刚刚起步，案例库的数量不足，本书提出了"三步走"绿色宜居村镇建设项目工程管理模式优选模型，第一步根据政策文件判定建设项目工程管理模式的适用性；第二步运用案例推理模型选择一级模式；第三步运用不确定多属性决策模型选择二级模式。

本书将案例推理模型与不确定多属性决策模型分为两步使用的原因：一是大多数实际项目采用的工程管理模式都是一级模式，构建的案例库仅可以进行一级工程管理模式的案例推理；二是工程管理二级模式案例数量太少，还需要借助专家进行模式选择决策，因此采用不确定多属性决策方法进行二级工程管理模式选择决策。

课题组在以往的国内研究中发现建设项目工程管理模式选择一般采用多元回归分析法、层次分析法、多属性决策方法，依靠于专家决策经验的主观决策成分过重。本书运用主客观结合的方法，既选择出适合绿色宜居村镇建设项目一级工程管理模式，也选择出二级工程管理模式，有利于绿色宜居村镇建设项目管理模式的实际应用。

本书的具体理论框架见图 2.6。

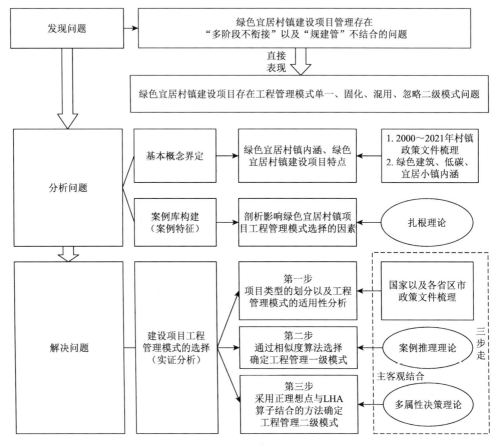

图2.6 绿色宜居村镇建设项目工程管理模式选择理论研究框架图

2.4 本章小结

本章属于本书的理论基础和理论创新说明部分。首先对村镇概念、绿色宜居村镇以及绿色宜居村镇建设项目特点进行了界定，对绿色宜居村镇建设项目分类进行说明。其次对绿色宜居村镇建设项目工程管理模式选择涉及的相关理论做了梳理，包括扎根理论、案例推理理论以及多属性决策理论。最后，对本书的理论突破和创新内容进行框架描述。

第3章 绿色宜居村镇建设项目工程管理模式
及其适用性分析

本章首先对绿色宜居村镇建设项目工程管理模式进行分析，主要包括识别采用特定工程管理模式的建设主体类型、项目类型划分等，在此基础上分析各种工程管理模式的适用性，初步探明工程管理模式与建设项目之间的对应规律。接着，本章根据政策文件以及绿色宜居村镇常规建设项目类型选择适用的工程管理模式，为接下来选择典型绿色宜居村镇建设项目工程管理模式确定研究范围。

3.1 建设项目类型及建设主体划分

3.1.1 建设项目类型

根据绿色宜居村镇相关政策分析，大致可以将绿色宜居村镇的建设发展分为四个阶段：第一阶段是 2000～2005 年新农村建设的提出，主要建设道路、水电等的基础设施项目；第二阶段是 2006～2010 年新农村建设的实施，主要完善基础设施建设以及加快公共服务配套项目的建设；第三阶段是 2011～2017 年美丽宜居村庄/小镇的建设，加快推进田园综合体以及特色小镇的试点项目；第四阶段是 2018 年至 2020 年乡村振兴战略的实施，实施易地扶贫搬迁项目、产业项目以及环境综合整治工程，各发展阶段具体建设项目见表 3.1。其中，基础设施网络化项目包含道路、电力、水利等；公共服务配套项目包括教育、文化娱乐以及医疗等；产业项目包含工业、农业、文旅等；环境整治工程包含污水处理、垃圾处理以及改厕项目。

表 3.1 根据政策演变归纳的绿色宜居村镇建设项目分类

项目类型	具体分类
基础设施网络化项目	道路、电力、水利项目
公共服务配套项目	教育、文化娱乐以及医疗
产业项目	工业、农业、文旅项目
环境整治工程	污水处理、垃圾处理以及改厕项目

续表

项目类型	具体分类
搬迁安置工程	搬迁安置工程
特色小镇	特色小镇
田园综合体项目	田园综合体项目
危房改造以及村民自建房	危房改造以及村民自建房

　　根据 1.1.1 节中图 1.1 和图 1.2 对我国新时期村镇建设项目主要类型所做的分析，考虑村民自建房项目规模与其他项目的不可比且易于自行管理，确定我国"十四五"期间村镇建设项目按发展模式划分的项目类型如表 3.2 所示，按投资主体和资金来源划分的项目类型如表 3.3 所示。据此，我国"十四五"绿色宜居村镇项目可分为 10 种类型，包括基础设施网络化、基本公共服务设施、城镇村更新、环境整治、移民搬迁安置、生活便利设施、现代农业产业、多元产业融合、田园综合体、特色小镇等项目。

表 3.2　根据发展模式划分的未来绿色宜居村镇建设项目类型

村镇发展模式	项目类别	具体分类
产城协同发展	基础设施网络化	交通、电力、给排水、雨污分流、通信和农产品冷链物流
	基本公共服务设施	学校、医院、图书馆、文化馆、保障性住房、疫病防控、健康养老、文娱体育、残障事业
	环境整治	河湖水系综合整治、垃圾处理、污水处理、农村改厕、清洁用能
	城镇村更新	老旧小区、社区改造、节能改造、建筑绿色化
	生活便利设施	商贸综合体、电商、快递、物流
	移民搬迁安置	生态移民、救灾移民、扶贫移民、建设移民、健康移民
	多元产业融合	工业、农业、文化、旅游
城乡协同发展	基础设施网络化	交通、电力、给排水、雨污分流、通信和农产品冷链物流
	基本公共服务设施	学校、医院、图书馆、文化站、疫病防控、健康养老、文娱体育等项目
	环境整治	河湖水系综合整治、垃圾处理、污水处理、农村改厕、清洁用能
	城镇村更新	老旧小区、社区、村庄改造、节能改造、建筑绿色化
	生活便利设施	电商、超市、快递、物流
	移民搬迁安置	生态移民、救灾移民、扶贫移民、建设移民、健康移民
	涉农产业项目	涉农产业、文旅产业等项目
特色产业发展	现代农业产业	高标准农田、水利设施、智慧农业装备、仓储物流设施、粮食基地、设施蔬菜、规模果业项目

续表

村镇发展模式	项目类别	具体分类
特色产业发展	农产品加工	农产品初加工、深加工、精加工
	养殖业	奶牛、奶山羊、生猪、水产品等
	农业加休闲旅游	休闲旅游、观光农业等
多元产业协同发展	田园综合体	农村基础设施网络化、农业基础设施、环境整治、旅游服务设施等项目、民居改造
	特色小镇	农村基础设施网络化、商贸服务设施、特色产业、环境整治、旅游服务设施等项目
	循环经济产业园	农村基础设施网络化、环境整治、园区综合服务设施、资源再生利用项目
	工业产业园	农村基础设施网络化、环境整治、园区综合服务设施、涉农工业项目
	高新科技产业园	基础设施网络化、环境整治、园区综合服务设施、新兴产业项目

表 3.3　根据建设项目资金来源划分的未来绿色宜居村镇建设项目类型

序号	项目类别	具体分类	常规、典型分类	通常项目资金来源
1	基础设施网络化	交通、电力、给排水、雨污分流、通信和农产品冷链物流	常规绿色宜居村镇项目	政府投资或公私合营
2	基本公共服务设施	学校、医院、图书馆、文化馆、保障性住房、疫病防控、健康养老、文娱体育、残障事业	常规绿色宜居村镇项目	政府投资
3	城镇村更新	老旧小区、社区、村庄改造、节能改造、建筑绿色化	典型绿色宜居村镇项目	政府投资
4	环境整治	河湖水系综合整治、垃圾处理、污水处理、农村改厕、清洁用能	典型绿色宜居村镇项目	政府投资或公私合营
5	移民搬迁安置	生态移民、救灾移民、建设移民、扶贫移民搬迁安置等	典型绿色宜居村镇项目	政府投资
6	生活便利设施	商贸综合体、物流中心、电商超市等项目	典型绿色宜居村镇项目	企业投资
7	现代农业产业	高标准农田、水利设施项目、智慧农业装备、仓储物流设施项目	典型绿色宜居村镇项目	政府投资
8	多元产业融合	工业、农业、文化、旅游，工业产业园、循环经济产业园、高新科技产业园	典型绿色宜居村镇项目	企业投资、政府投资＋政府与社会资源合作＋企业投资的混合投资
9	田园综合体	农村基础设施网络化、农业基础设施、环境整治、旅游服务设施等项目	典型绿色宜居村镇项目	政府投资＋政府与社会资源合作＋企业投资的混合投资
10	特色小镇	农村基础设施网络化、商贸服务设施、特色产业、环境整治、旅游服务设施等项目	典型绿色宜居村镇项目	政府投资＋政府与社会资源合作＋企业投资的混合投资

3.1.2　建设主体

我国许多县级"十四五"规划确定的发展原则都特别注重两个方面：第一方面坚持创新驱动，强化产业支撑，紧抓用好新一轮科技革命和产业变革重大机遇，深化"放管服"改革，完善创新生态，进一步发挥特色优势，大力培育发展新的经济业态，强化园区承载，加快工业化和信息化融合发展，推动工业转型、集群发展。第二方面是，注重发展的整体性、系统性、普惠性，突出抓好县城、重点集镇、产业园区等关键节点建设，充分发挥县城及其副中心对县域发展的辐射带动作用，加快形成城乡融合区域协调发展的新格局。

在注重产业兴旺和以城带乡的原则下，我国农村未来县城、重点镇和产业园区的投资力度会加强，在此基础上能充分发挥县城及其副中心对县域发展的辐射带动作用。在明确建设规划和发展战略后，绿色宜居村镇项目通过政府投资引导、企业积极参与投资、村集体和农户自主投资以及混合投资等进行建设，具体见图3.1。

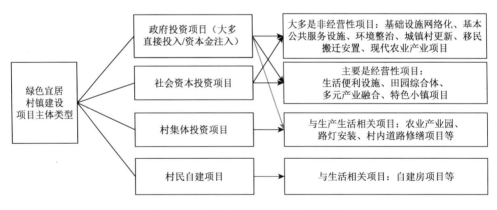

图 3.1　绿色宜居村镇建设主体类型图

1. 政府投资主体

我国绿色宜居村镇建设项目是通过从试点到扩散的"自上而下"的建设路径[69]，地方政府结合本村镇的长远发展目标，以国家的村镇建设政策为指导，通过制订村镇规划，编制发展目标，统一组织村镇建设试点项目，促进村镇的发展。因此，政府投资项目大多是带有引领、发动性的非经营性项目，包含基础设施网络化项目、基本公共服务设施项目以及环境整治项目、城镇更新项目等，也包含部分需要鼓励支持的经营性项目，包括高新技术产业、文旅项目等。

2. 企业投资主体

我国村镇地域广袤,绿色宜居村镇建设项目量大面广、类型众多,其中规模较小、转向容易的项目,最适合企业主体投资。经营业务容易调整的生活便利设施、多元产业项目,以及田园综合体、产业园区中的旅游服务设施等项目都适宜企业主体投资。

3. 村集体投资主体

村集体投资项目主要是运用村集体的自有资金建设与村民生产生活紧密相关的项目,包含路灯安装、村内道路修缮等项目。

4. 村民投资主体

作为建设主体,村民在地方政府监管下,可根据自己的需要,聘请当地的施工队进行农宅建设。

5. 混合投资

绿色宜居村镇建设是一项复杂且庞大的工程,单靠村民或地方政府推动难以持续。根据国家的投融资政策,可以通过公私合营的 PPP 模式吸引社会资本采取"自下而上"的建设方式带动村镇产业发展。随着绿色宜居村镇的发展,更多的项目将会采用混合投资模式,包含产业项目、田园综合体(农业+文化+旅游)项目以及文旅项目。

在进行绿色宜居村镇建设项目工程管理模式选择的过程中,由于村集体投资项目以及村民自建项目主要资金来源是村集体自筹资金以及村民个人,建设项目大部分是与农业生产农村生活相关的项目,如路灯安装项目、村内道路修缮项目以及村民自建房等,且大多数村集体以及村民投资建设的项目规模较小,不用进行公开招标,技术难度相对较低,可以自行直接组织实施[70]。因此,本书主要关注规模较大需要进行招投标、选择设计施工单位的项目。在我国未来绿色宜居村镇建设项目的 10 种类型中,基础设施网络化、环境整治、基本公共服务设施、城镇村更新、移民搬迁安置、现代农业产业等 6 类非营利项目主要由政府直接投资建设;田园综合体、特色小镇项目等 2 类项目可以政府直接投资建设,也可以通过政府资本金注入企业投资方式建设,可以采用投资补助、贷款贴息等政府资金支持方式,还可以通过公私合营的 PPP 方式建设;生活便利设施、多元产业融合等 2 类项目主要由社会资本投资兴建。

3.2　建设项目工程管理模式特征分析

3.2.1　建设项目工程管理模式分类

特定投资主体的建设项目管理目标都要通过一定的工程管理模式来实现。工程管理模式是在管理理念指导下，经过较长的实践逐步形成并在一定时期内基本固定下来的一系列管理制度、规章、程序、结构和方法。管理模式是特定环境的产物，不同时期、不同行业、不同企业、不同体制机制下的管理模式可以不同。本书所称建设项目工程管理模式是指从事建设项目规划、设计、发包、采购、施工、交付、试运营及工程沟通协调、风险控制等业务的企业受业主委托，使受托系统能够正常有效运行，并确保其目标实现的特定组织和管理方式。

本书将工程项目管理模式划分为三种类型，第一种是业主直接与各参与方签订合同，自行组建管理机构进行管理，典型的是设计-招标-建造（DBB）模式，它是一种在国际上比较通用且应用最早的工程项目管理模式之一，这种模式最突出的特点是强调工程项目的实施必须按照 D-B-B 的顺序进行，只有一个阶段全部结束另一个阶段才能开始，且由业主分别委托建筑师、咨询工程师和承包商开展工程设计、招标和建造；第二种是工程总承包模式，典型的是 EPC 模式，又称设计-采购-施工模式，是指在项目决策阶段以后，从设计开始，经招标，委托一家工程公司对设计-采购-建造进行总承包，工程公司按照承包合同规定的总价或可调总价对工程项目的进度、费用、质量、安全进行管理和控制，并按合同约定完成工程；第三种是将项目融资和运营考虑在内的公共设施及服务私营化模式，典型的是 PPP 模式，该模式可以让非公共部门所掌握的资源参与公共产品和服务提供，从而实现合作各方达到比预期单独行动更为有利的结果。

国内外众多学者对 PPP 模式的分类研究较多，但聚焦于工程总承包模式的分类研究不多。为此，本书针对第二种以及第三种工程项目管理模式进行二级分类，以使工程管理模式的选择更细化且更有针对性。在此基础上根据每种模式的适用范围以及政策文件的要求，对照绿色宜居村镇建设项目的类型划分，明确绿色宜居村镇建设常规和典型项目适用的工程管理模式，实现项目类型与工程管理模式的初步匹配。

1. 项目管理一级模式分类

1）建设项目传统工程管理模式

建筑领域最常用的传统建设项目工程管理模式就是 DBB 模式，即业主将设计、施工分别委托不同的单位来承担的管理模式，该模式的优缺点见表 3.4。因 DBB

模式在业界和学界并没有进行细分，所以本书中的建设项目传统工程管理模式只有 DBB 一个模式[71]。

表 3.4　DBB 模式优缺点

项目	优点	缺点
DBB 模式	①该项目管理模式比较常用，有标准规范的合同文本，各方在合同的约定下履行自己的权利和义务，且对相应的流程都很熟悉[72] ②业主易于实施全程监控 ③可自由选择监理人员监理工程；业主选定的设计单位和施工单位是相互独立的，可以起到相互监督的作用，有助于项目的实施	①项目是设计-招标-建造顺序"线性"实施，工期容易变长；业主与设计、施工方分别签约，自行管理项目成本较高 ②在项目实施过程中，因为是业主分别与设计方和施工方签订合同，工程质量出现问题时就会出现互相推诿责任不落实的情况 ③由于设计在前，施工在后，设计的可施工性差，施工方工程师控制项目目标能力受到限制

2）工程总承包项目管理模式

"设计-采购-施工"总承包管理模式的含意是，在项目决策阶段以后，从设计开始，经招标，委托一家工程公司对设计-采购-建造进行总承包，该总承包工程公司是与业主直接签订合同，负责该项目的造价、工期、质量以及安全，使整个项目达到业主的目标[73]，该模式的优缺点见表 3.5。

表 3.5　EPC 模式优缺点

项目	优点	缺点
EPC模式	①有利于责权利明晰。业主与总承包商签订合同，由总承包商负责该项目的全过程管理，责任归属于总承包商 ②工程造价易于控制。一般采用总价合同，在项目实施前可以确定项目的总造价，便于准确安排资金预算 ③承包商需要协调各参与方，降低业主管理的工作以及需要承担的风险 ④特别适合于工艺技术复杂的工程。总承包模式涉及采购环节，在设备工艺复杂的情况下，可提前与设计方沟通，有助于工程实施中设计、施工与采购的衔接	①业主方对工程项目的管理和控制力降低 ②具有设计和施工资质与能力的总承包商数量较少[74] ③项目全权由总承包商负责，项目的工期控制、成本控制以及目标的达成完全依赖于总承包商的能力与经验，总承包企业的能力成为项目成功的关键 ④在建设项目不确定性和风险较大的情况下总造价有可能较高

工程总承包模式是我国现行政策文件最推崇的一种建设项目工程管理模式。2016 年 5 月住房和城乡建设部印发《关于进一步推进工程总承包发展的若干意见》。2017 年 2 月国务院办公厅印发《关于促进建筑业持续健康发展的意见》，要求加快推进工程总承包，并指出采用推行工程总承包和培育全过程咨询方式可解决建筑行业发展组织方式落后的问题。2017 年国家标准《建设项目工程总承包管理规范》发布。2019 年 12 月，住房和城乡建设部、国家发展改革委联合印发《房屋建筑和市政基础设施项目工程总承包管理办法》。2020 年 12 月住房和城乡建设部正式印发《建设工程企业资质管理制度改革方案》，明确提出大力推行工程总承

包，其后各省、自治区、直辖市开始陆续出台关于贯彻落实《房屋建筑和市政基础设施项目工程总承包管理办法》的通知。

3）公共设施及服务私营化模式

我国引入公共设施及服务私营化模式最早是为了解决基础设施和公共设施建设资金不足的问题，这实际上是以项目未来预期收益为依据的项目融资活动，即项目投资额度主要根据项目的未来现金流量、资产以及政府扶持措施的力度而不是项目投资人或发起人的资信来安排融资。比较常用的项目融资模式是 PPP 模式，这是公共基础设施建设中发展起来的一种优化的项目融资与实施模式，是以各参与方的"双赢"或"多赢"为合作理念的现代融资模式。其典型的结构为：政府部门或地方政府通过政府采购形式确定中标单位，中标单位组成特殊目的公司，特殊目的公司一般是由中标的建筑公司、服务经营公司或对项目进行投资的第三方组成的股份有限公司，政府与特殊目的公司签订特许合同，特殊目的公司负责筹资、建设及经营。该模式可减轻政府独自承担基础设施和公共设施的资金压力和运营风险。该模式的优缺点见表 3.6。

表 3.6　PPP 模式优缺点

项目	优点	缺点
PPP 模式	①利用外资注入或民间资本，有利于减少政府投资额度，降低政府投资风险 ②在项目初期确定好政府与民间资本所承担的风险，合理的风险划分有助于提高民间资本的融资力度 ③民间资本与政府在项目施工前共同商量确定细节，共同参与建设与运营，提高项目的运作效率，有利于缩短工期	①与公共部门相比，金融市场对私营机构信用水平的认可度通常略低，导致私营机构的融资成本通常要高于公共机构的融资成本 ②特许经营有可能导致垄断，影响市场公平竞争 ③复杂的交易结构带来低效率、长期合同缺乏灵活性

2. 项目管理二级模式分类

绿色宜居村镇建设项目工程管理中存在模式单一、固化、混用、忽略二级模式等问题，妨碍了绿色宜居村镇建设水平的提升。故需要对工程项目管理一级模式进行细化分类。因 DBB 模式在业界和学界并没有进行细分，本书只对工程总承包管理模式和公共设施及服务私营化模式进行二级分类（详见表 3.7、表 3.8）。

表 3.7　工程总承包模式分类表

一级模式	二级模式	特点
EPC 模式	EP 模式	设计、采购总承包，施工则其他单位负责
	PC 模式	采购、施工总承包，设计则由其他单位负责

续表

一级模式	二级模式	特点
EPC 模式	DB 模式	设计、施工总承包，并负责工程的质量、安全、工期、成本
	E + PC 模式	由设计单位牵头作为总承包单位，并将施工部分依法再发包给有资质的施工企业
	EP + C 模式	由施工单位牵头作为总承包单位，并将设计依法再发包给有资质的设计单位
	E + P + C 模式	同时具备设计与施工资质的企业作为总承包单位，对总承包企业的综合实力要求比较高
	EPCs 模式	承包商负责工程项目的设计、采购，并监督施工承包商按照设计要求的标准、操作规程等进行施工，并满足进度要求，同时负责物资的管理和投料试车服务。业主与施工承包商签订承包合同，并进行施工管理
	EPCa 模式	承包商负责工程项目的设计和采购，并在施工阶段向业主提供咨询服务。业主与施工承包商签订承包合同，并进行施工管理
	EPCm 模式	承包商负责工程项目的设计、采购和施工管理，施工承包商与业主签订承包合同，但接受设计、采购、施工管理承包商的全过程咨询管理。设计、采购、施工管理承包商对工程的进度和质量全面负责

表 3.8　公共设施及服务私营化模式分类表

一级模式	二级模式	特点
PPP 模式	O&M 模式	政府保留存量公共资产的所有权，而仅将公共资产的运营维护职责委托给社会资本或项目公司并向社会资本或项目公司支付委托运营费用
	EPC + O&M 模式	承包商负责项目的设计、采购、施工，并在完成后的一定的期限内继续负责公有资产的运营和维护，但不拥有所有权
	BOT 模式	对需要融资的项目，政府依据签订的协议（合同）将设计、融资、建设、经营、维护公用设施的责任转移给项目公司，项目公司则在经营一定的时期后将其转交给当地政府
	BT 模式	通过项目公司总承包，融资、建设验收合格后移交给业主，业主向投资方支付项目总投资加上合理回报的过程
	TOT 模式	政府将已经建成的公用设施移交给某投资者经营一定的时间，回收成本以及获得一定的收益，到期后移交给政府
	PFI 模式	政府通过公开招标建设基础设施项目，中标的投资人投资建设该项目，工程建成后运营一定时间，期满无债移交给政府，政府需要支付投资人相应的成本
	BOOT 模式	投资方负责基础设施项目全过程的施工，完成后拥有约定时间内项目的所有权并进行经营，期满后将项目转移给政府
	BTO 模式	民营投资方为基础设施融资并负责其建设，完成后即将设施所有权移交给政府，但实体资产仍由民营机构占有；随后政府再授予该民营机构经营该设施的长期合同，使其通过向用户收费，收回投资并获得合理回报
	ROT 模式	特许经营者在获得特许权的基础上，对已有资产或者项目进行改造，并获得改造后一段时间的特许经营权，特许权期限届满后，再移交给政府

续表

一级模式	二级模式	特点
PPP 模式	DBFO 模式	政府在明确规定服务结果和绩效标准的基础上,从项目设计开始将特许权给予某一机构,同时投资方对项目进行融资,完成项目的设计和施工任务,直到项目经营期收回投资并取得投资效益
	BOO 模式	承包方根据政府赋予的特许权,建设并经营某项产业项目,但并不将此项基础产业项目移交给公共部门

注:ROT 是 rehabilitate-operate-transfer 的缩写,即重构-运营-移交;TOT 是 transfer-operate-transfer 的缩写,即移交-经营-移交

　　通过课题组深入多地乡镇调研发现,大部分村镇政府投资项目业主方人员工程管理知识欠缺、人手不足,凭以往经验和个人偏好确定工程管理模式的情况较为严重[75]。故本书只考虑业主不直接涉及施工或施工管理的建设项目工程管理模式,且只针对绿色宜居村镇新建项目。根据这两项要求,进行二级模式的筛选,剔除六种不符合要求的工程管理模式,分别是 EPC 模式中的 EPCa、EPCs、EP 以及 PPP 模式中的 O&M 模式、TOT 模式、ROT 模式。由于 EPC + O&M 模式与 BOT 模式相近,EPC + O&M 模式在下面的分析中也不单列。最终确定绿色宜居村镇建设项目二级管理模式的分类如图 3.2 所示。

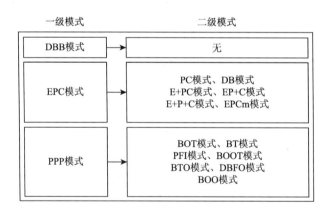

图 3.2　绿色宜居村镇建设项目管理模式分类

3.2.2　建设项目工程管理模式适用范围

　　本书对建设项目工程管理模式进行了 3 个一级模式和 13 个二级模式的划分,接下来可进行不同工程管理模式的适用范围分析。根据每种一级工程管理模式的特征和优缺点,可以推演出不同的一级工程管理模式的适用范围,进而找出每类绿色宜居村镇建设项目的一级工程管理模式。二级工程管理模式的适用范围有些

已经明确，但大部分的二级模式的适用范围还不够清晰，加上绿色宜居村镇典型项目的特征属性也有一个总结提炼的过程，所以需要在后续的工程管理模式选择模型构建后进行双边匹配，选出适合绿色宜居村镇典型项目的工程管理一级模式下的二级模式。

1. 传统工程管理模式的适用范围

DBB 工程管理模式的使用范围非常广，世界银行、亚洲开发银行贷款项目和采用国际咨询工程师联合会（Fédération Internationale Des Ingénieurs Conseils, FIDIC）的合同条件的项目均采用这种工程管理模式。DBB 工程管理模式曾是我国建设领域的主导模式，占建筑市场建设项目工程管理模式的 90% 以上，相关的建设法律法规及各类市场主体大多习惯为该模式服务。由于 DBB 工程管理模式下设计、发包、施工的主要管理协调职责在业主方，所以 DBB 模式主要适用于业主对建设项目范围、适用技术、质量标准和风险来源全面了解且有能力控制的建设项目[76]。由于 DBB 工程管理模式需要业主方有较强的设计、发包、施工管控能力和类似工程管理经验，所以 DBB 模式的业主组织结构通常较为复杂，管理人员数量较多，特别适合于跨区域、跨部门、跨省份的特大型基础设施建设项目，不适用于业主管理队伍庞大但项目规模过小且简单的建设项目工程管理，否则会造成人力资源浪费[77]。总体上来看，虽然绿色宜居村镇项目中的基础设施网络化项目、基本公共服务设施项目、环境整治项目、城镇村更新项目、移民搬迁安置、现代农业产业项目以及各类园区中的基础设施和公共服务设施项目都属于政府投资的非营利项目，但政府主管部门的专业人员有限，所以 DBB 模式基本不适用于村镇建设中的各类基础设施项目。个别经营性的社会资本投资项目可以选用 DBB 工程管理模式。

2. 工程总承包管理模式的适用范围

1）一级模式的适用范围

对国家现行工程总承包相关文件以及各省工程总承包模式实施细则进行梳理，可知工程总承包项目管理模式的适用范围如图 3.3 所示。由此可知，工程总承包管理模式适用于绿色宜居村镇建设中政府投资的非营利项目，包含基础设施网络化项目、基本公共服务设施项目、环境整治项目、城镇村更新项目、移民搬迁安置、现代农业产业项目以及各类园区中的基础设施和公共服务设施项目。

2）二级模式的适用范围

基于现行政策规定以及专家学者的已有研究成果，可以总结出 DB 模式以及 E + P + C 模式的适用范围比较明确，E + PC、EP + C 以及 PC 模式的适用范围比较清晰，但 EPCm 的适用范围较为模糊，具体见图 3.4。在绿色宜居村镇基础设

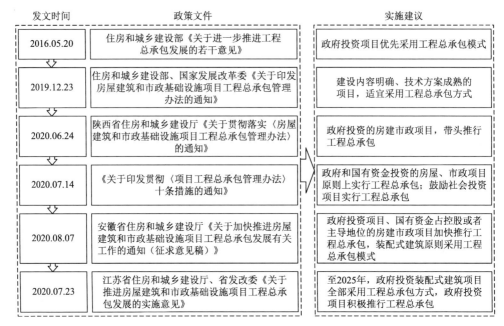

发文时间	政策文件	实施建议
2016.05.20	住房和城乡建设部《关于进一步推进工程总承包发展的若干意见》	政府投资项目优先采用工程总承包模式
2019.12.23	住房和城乡建设部、国家发展改革委《关于印发房屋建筑和市政基础设施项目工程总承包管理办法的通知》	建设内容明确、技术方案成熟的项目，适宜采用工程总承包方式
2020.06.24	陕西省住房和城乡建设厅《关于贯彻落实〈房屋建筑和市政基础设施项目工程总承包管理办法〉的通知》	政府投资的房建市政项目，带头推行工程总承包
2020.07.14	《关于印发贯彻〈项目工程总承包管理办法〉十条措施的通知》	政府和国有资金投资的房屋、市政项目原则上实行工程总承包；鼓励社会投资项目实行工程总承包
2020.08.07	安徽省住房和城乡建设厅《关于加快推进房屋建筑和市政基础设施项目工程总承包发展有关工作的通知（征求意见稿）》	政府投资项目、国有资金占控股或者主导地位的房建市政项目加快推行工程总承包，装配式建筑原则采用工程总承包模式
2020.07.23	江苏省住房和城乡建设厅、省发改委《关于推进房屋建筑和市政基础设施项目工程总承包发展的实施意见》	至2025年，政府投资装配式建筑项目全部采用工程总承包方式，政府投资项目积极推行工程总承包

图 3.3　国家及各省工程总承包政策文件梳理[77-83]

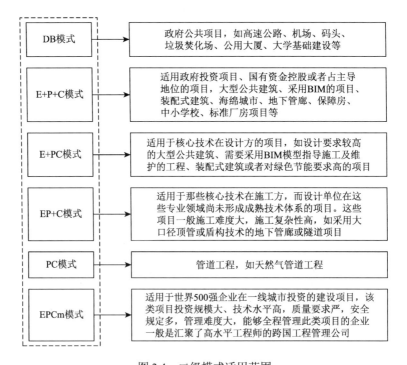

DB模式	政府公共项目，如高速公路、机场、码头、垃圾焚化场、公用大厦、大学基础建设等
E+P+C模式	适用政府投资项目、国有资金控股或者占主导地位的项目，大型公共建筑、采用BIM的项目、装配式建筑、海绵城市、地下管廊、保障房、中小学校、标准厂房项目等
E+PC模式	适用于核心技术在设计方的项目，如设计要求较高的大型公共建筑、需要采用BIM模型指导施工及维护的工程、装配式建筑或者对绿色节能要求高的项目
EP+C模式	适用于那些核心技术在施工方，而设计单位在这些专业领域尚未形成成熟技术体系的项目。这些项目一般施工难度大，施工复杂性高，如采用大口径顶管或盾构技术的地下管廊或隧道项目
PC模式	管道工程，如天然气管道工程
EPCm模式	适用于世界500强企业在一线城市投资的建设项目，该类项目投资规模大、技术水平高，质量要求严，安全规定多，管理难度大，能够全程管理此类项目的企业一般是汇聚了高水平工程师的跨国工程管理公司

图 3.4　二级模式适用范围

BIM，即 building information model，建筑信息模型

施网络化项目中的公路项目、公共服务配套项目中的学校建设以及环境整治工程中的垃圾处理可以大致选用 DB 模式；搬迁安置工程、公共服务中的学校建设可以选用 E+P+C 模式。

3. 公共设施及服务私营化模式的适用范围

1）一级模式的适用范围

根据我国各相关部委及各省发布的政策文件，梳理后可知 PPP 模式的适用范围如图 3.5 所示。在绿色宜居村镇环境整治工程中的污水处理、垃圾处理项目以及特色小镇项目可以适用 PPP 模式，甚至在云南省[84]和福建省对垃圾处理以及污水处理项目"强制"使用 PPP 模式。

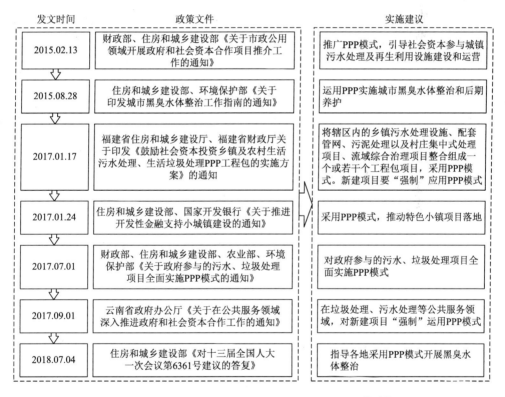

图 3.5　各部门推广政府和社会资本合作政策文件[85-89]

2）二级模式的适用范围

PPP 模式的二级模式 BT、PFI、BOT 以及 DBFO 有较为清晰的适用项目类型，而 BOOT、BTO 以及 BOO 只有试点项目，适应范围不够明确。根据上述对各一级模式以及二级模式适用范围的介绍，总结出绿色宜居村镇基础设施网络化项目中的非经营性公路项目、环境整治工程、基本公共服务设施项目中的学校建设以及公园项目可以使用 BT 模式；大型基础设施网络化项目中的高速公路可以使用 PFI 模式；基础设施网络化项目中的电力、水利、收费公路以及环境整治工程中的污水处理项目可以使用 BOT 模式。各种公共设施及服务私营化模式下二级模式的适用范围如图 3.6 所示。

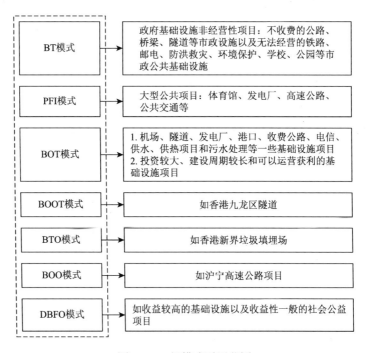

图 3.6　二级模式适用范围

3.2.3　建设项目与管理模式初步匹配

根据以上分析，可以初步得出绿色宜居村镇建设项目适用的工程管理模式，如环境整治工程中的污水处理、垃圾处理项目以及特色小镇项目可以使用 PPP 模式，绿色宜居村镇基础设施网络化中的非经营性的公路项目、环境整治工程、基本公共服务设施项目中的学校建设以及公园项目可以使用 BT 模式；大型基础设施网络化项目中的高速公路可以使用 PFI 模式；在基础设施网络化项目中的电力、水利、收费公路以及环境整治工程中的污水处理项目可以使用 BOT 模式。基础设施网络化项目中的道路项目，基本公共服务设施项目中的学校建设，城镇村更新项目以及环境整治工程中的垃圾处理可以大致选用 DB 及 PPP 模式；搬迁安置工程、标准厂房以及公共服务配套项目中的学校建设可以大致选用 E + P + C 模式，垃圾处理与污水处理可以选用 PPP 模式，如图 3.7 所示。通过以上分析可得知，目前田园综合体项目、现代农业产业项目、村镇文旅项目、村镇医疗项目以及村镇改厕项目几乎没有政策文件鼓励或优先采用的工程项目管理模式，所以本书的重点在于这五类项目，如图 3.7 中灰色框所示。

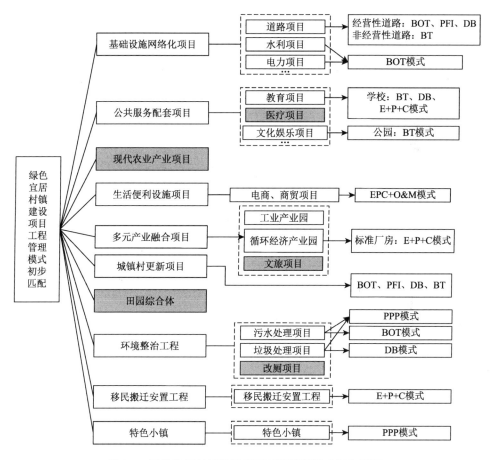

图 3.7　绿色宜居村镇建设项目工程管理模式初步匹配

3.3　本 章 小 结

本章第一部分主要对绿色宜居村镇的项目类型进行划分，分为基础设施网络化、基本公共服务设施、城镇村更新、环境整治、移民搬迁安置、生活便利设施、多元产业融合、现代农业产业、田园综合体、特色小镇等 10 种类型，根据建设主体划分为政府投资项目、企业投资项目、村集体投资项目与村民自建项

目。第二部分主要是确定工程项目管理一级与二级模式的分类，并对项目管理
一级、二级模式的适用范围进行分析整理，对现有项目类型的适用管理模式进
行初步匹配，得出田园综合体项目、现代农业产业项目、医疗项目、文旅项目、
改厕项目等 5 种项目并没有政策文件或文献研究中推崇的工程项目管理模式。
这两部分的分析，对本书研究范围进行了界定，并为案例库的构建以及指标体
系的建立奠定了基础。

第4章 绿色宜居村镇建设项目案例库构建及项目特征评价

本章主要研究内容是构建绿色宜居村镇项目案例库，并设立项目入库标准，在此基础上，根据调研资料，采用扎根理论，建立基于绿色宜居村镇建设项目工程管理模式选择的项目特征评价指标体系。基于工程管理模式选择的项目特征评价指标体系建立为下一步案例推理的实现以及不确定多属性工程管理模式方案优选提供支撑。

4.1 构建项目案例库

4.1.1 案例库研究框架

建立案例库是实现后续案例推理的基础。案例库中的案例主要是通过实地调研以及网上检索获取。案例推理的实现需要案例库中的案例具有统一的表达形式（图4.1）。

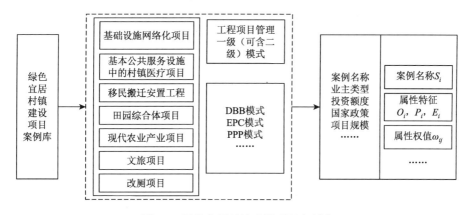

图 4.1 绿色宜居村镇建设项目案例库

图中 S_i 代表第 i 个源案例；O_i 代表第 i 个源案例的业主属性；P_i 代表第 i 个源案例项目属性；E_i 代表第 i 个源案例环境属性。

4.1.2 案例库入库标准

本书案例库中的案例主要来源于项目的实地调研以及财政部政府和社会资本合作中心网站上的项目资料整理，在此基础上，对项目相关信息进行补充整理构建本书的案例库。绿色宜居村镇建设项目案例库的入库标准如下。

（1）为保证项目时代特征的相似性，选择项目建设期在 2011～2021 年近 10 年的村镇建设项目，以保证项目的可比性。项目类型主要包含基础设施网络化项目、基本公共服务设施中的医疗项目、移民搬迁安置项目、村容村貌整治中的改厕项目、田园综合体项目、现代农业产业项目、文旅项目等 7 个类别，包括田园综合体项目、现代农业产业项目、村镇文旅项目、村镇医疗项目以及村镇改厕项目这五类本书重点关注的项目类型。

（2）项目或相关人员获得国家级、省部级、市级、县级荣誉。该标准的设立是为了保证该项目在工程质量、建设水平获得行业内的认可[90]，通过调研发现，大多数优秀的项目一般是获得美丽乡村示范工程、新型示范小镇以及星级康居乡村等荣誉称号。

（3）工程建设过程中未出现较大、特大、重大安全事故以及恶劣的群体性事件[91]。

4.1.3 案例来源

本书中的项目案例主要来源于陕西省商洛市洛南县和柞水县、安康市镇平县、咸阳市武功县、西安市蓝田县、榆林市佳县，广西壮族自治区南宁市隆安县，江苏省苏州市吴江区同里镇、南京市东坝镇、仪征市新城镇、无锡市惠山区、宿迁泗洪县，四川省成都市郫都区，贵州省茅台镇，重庆市垫江县、长寿区，河北省于家乡的实地调研，以及陕西省建筑市场监管与诚信信息一体化平台企业库以及财政部 PPP 项目库。实地调研及查找案例 56 例，基于上述的案例入库标准筛选后共有 34 个案例纳入绿色宜居村镇建设项目案例库（表 4.1）。

表 4.1 入库案例基本信息

序号	案例名称	项目类型	实施时间	项目管理模式	
				一级	二级
1	甘肃省兰州新区舟曲转移安置区项目	搬迁安置工程	2011 年	DBB	/
2	陕西省柞水县小岭镇常湾村黄金移民小区工程	搬迁安置工程	2017 年	DBB	/
3	陕西省柞水县下梁镇嘉禾移民安置小区工程	搬迁安置工程	2018 年	EPC	/

续表

序号	案例名称	项目类型	实施时间	项目管理模式	
				一级	二级
4	陕西省洛南县保安镇移民搬迁第五期工程	搬迁安置工程	2017 年	EPC	/
5	广西南宁隆安县那桐镇定典屯综合示范村改造工程	村容村貌整治	2014 年	DBB	/
6	江苏省仪征市新城镇林果庄台建设项目	村容村貌整治	2012 年	DBB	/
7	无锡市惠山区阳山镇田园东方项目	田园综合体	2013 年	PPP	/
8	重庆市长寿秀才湾美丽乡村建设项目	村容村貌整治	2013 年	DBB	/
9	四川省成都市郫都区多利农庄项目	田园综合体	2016 年	PPP	/
10	江苏仙姑村美丽乡村示范工程建设综合管线工程	基础设施网络化	2018 年	DBB	/
11	西安市蓝田县灞河生态产业带项目	基础设施网络化	2016 年	PPP	/
12	陕西安康市镇坪县南江湖旅游扶贫示范项目	文旅项目	2017 年	PPP	/
13	四川眉山市东坡区眉山田园型智能产业新城项目	田园综合体	2016 年	EPC	/
14	江西乐平磻溪河美丽乡村田园综合体（一期）项目	田园综合体	2017 年	DBB	/
15	新疆和田地区洛浦县绿色产业示范园建设项目	田园综合体	2018 年	DBB	/
16	浙江余姚鹿亭乡中村树蛙部落项目	文旅项目	2017 年	EPC	EPCO
17	湖南省长沙县金井镇"茶乡小镇"城镇建设及旅游开发一期 PPP 项目	文旅项目	2017 年	PPP	BOT
18	陕西榆林佳县赤牛坬民俗文化博物馆项目	文旅项目	2009 年	DBB	/
19	江苏盐城黄尖镇大地乡居·鹤影里民宿项目	文旅项目	2018 年	EPC	EPCO
20	陕西咸阳武功县绿益隆猕猴桃基地建设项目	现代农业产业项目	2012 年	DBB	/
21	陕西榆林佳县枣缘红星创天地	现代农业产业项目	2018 年	DBB	/
22	山东菏泽市郓城县现代高效农业产业园项目	现代农业产业项目	2016 年	PPP	/
23	江苏宿迁泗洪县多品种碧根果产业示范园项目	现代农业产业项目	2018 年	PPP	/
24	新疆和田县国家农业产业园建设项目	现代农业产业项目	2020 年	EPC	/
25	陕西榆林佳县人民医院	村镇医疗项目	2019 年	DBB	/
26	浙江新仓镇医疗服务中心	村镇医疗项目	2019 年	EPC	/
27	广东省广州市从化区太平镇中心医院	村镇医疗项目	2020 年	EPC	/
28	四川成都煎茶镇五里村华西天府医院	村镇医疗项目	2018 年	EPC	/
29	江西赣县区湖江镇中心卫生院	村镇医疗项目	2018 年	DBB	/
30	陕西榆林佳县通镇史家沟村卫生改厕项目	村容村貌整治	2020 年	DBB	/
31	河南省安阳市汤阴县古贤镇南士昌村改厕项目	村容村貌整治	2018 年	EPC	EPCO
32	广东省斗门区乾务镇农村公厕升级改造工程	村容村貌整治	2021 年	DBB	/
33	宁夏银川兴庆区农村改厕及污水处理工程特许经营项目	村容村貌整治	2019 年	PPP	BOT
34	四川蒲江农村改厕项目	村容村貌整治	2018 年	PPP	/

4.2　建立项目特征评价指标体系

4.2.1　指标体系初步构建

1. 数据收集与描述

通过研究发现，基于绿色宜居村镇建设项目工程管理模式优选的项目特征评价指标体系相关文献比较匮乏。本书采用证据三角形法[92]梳理建设项目工程管理模式优选的影响因素来间接建立项目特征评价指标体系，即通过三种以上的方式获取案例资料，主要方法有：①基于文献研究的资料分析，主要以数据库 CNKI 为主，检索"项目管理模式选择""项目交付模式选择"关键词，见表 1.1；②基于实地调研江苏、重庆、广西以及陕西省的项目管理人员进行半结构化访谈（表 4.2）以及项目实地调研（表 4.3），对访谈的录音和笔记进行整理；③基于 2.1 节国家发布的关于乡村振兴政策文件分析，共搜集了 18 份。

表 4.2　半结构化访谈提问设计[93]

层次设计	问题描述	目的	资料提取
情景带入 （第一层）	1. 您认为绿色宜居村镇建设需要满足什么要求，建设哪些项目呢？	引导受访者了解访谈项目的背景，从而提高获取信息的相关性	旨在获取业主对于绿色宜居村镇建设的要求
核心访谈 （第二层）	2. 在绿色宜居村镇建设的背景下，建设项目需要满足哪些要求？ 3. 您参与的绿色宜居村镇建设是怎么选择工程项目管理模式的？是否合适呢？	使受访者进一步了解访谈的目的，引导受访者对项目决策阶段进行深层次说明	旨在获取受访者对于项目工程管理模式的主观意愿
深入描述 （第三层）	4. 您认为影响绿色宜居村镇建设项目工程管理模式的影响因素都有哪些？项目工程管理模式可以发挥哪些作用？	通过问题 1 和问题 2，引导受访者进入"绿色宜居村镇项目工程管理模式选择影响因素"主题	旨在获取影响绿色宜居村镇建设项目工程管理模式选择的影响因素

表 4.3　实地调研项目表

建设主体	管理模式	项目名称
政府投资项目	DBB 模式	广西南宁隆安县那桐镇定典屯综合示范村改造项目、江苏省仪征市新城镇林果庄台项目
		甘肃省兰州新区舟曲转移安置区项目
		陕西省丹凤县棣花古镇项目、柞水县小岭镇常湾村黄金移民小区、丹凤县核桃主题公园、柞水县营盘镇终南山寨
		重庆市长寿秀才湾美丽乡村建设项目

续表

建设主体	管理模式	项目名称
政府投资项目	EPC 模式	陕西省丹凤县凤冠佳苑移民安置工程、柞水县下梁镇嘉禾移民安置小区工程、洛南县保安镇移民搬迁第五期工程
社会资本投资项目	DBB 模式	江苏如家小镇生态旅游项目、吴江国家现代农业示范项目
		重庆市清迈良园休闲农村旅游项目
村集体投资项目	自建模式	江苏省仪征市新城镇周营村一事一议道路项目、陈集镇双圩村道路亮灯工程
村民自建项目	自建模式	广西隆安县屏山乡芽苗生产基地项目
		陕西省商洛市洛南县石坡镇农宅项目

2. 数据分析

1）开放性编码

对现有文献、访谈材料以及相关文件按照一定的规则进行整理归纳，对所描述的信息进行逐一编码，对相关语句进行核心概念范畴的提取，一共得到了 289 条初始概念。由于原始资料梳理出的原始语句非常多，内容上有一定程度的交叉，为此对初始概念进行同类合并，深度挖掘绿色宜居村镇建设项目工程管理模式选择的影响因素，本书剔除了频次小于 3 的概念，最终得到 34 个对应的初始概念以及 29 条范畴化概念（表 4.4）。

表 4.4　开放式编码范畴化

范畴化概念	初始概念	原始语句
1. 国家政策	1. 政府高度重视	重视该项目建设，临时成立建设小组，组织项目实施，目前已分解落实到各部门
	2. 强制规定	政府投资项目原则采用工程总承包管理模式
	3. 法律法规制定	项目所在地区法律法规等规定影响项目工程管理模式的选用
2. 村镇规划	4. 符合规划要求	总体规划要考虑到各种功能区的划分，合理考虑住宅地与耕地之间的关系，考虑公共服务、文娱与居住区域的关系
	5. 重视乡村规划	重视村镇规划，在设计时考虑各个布点，推行多规合一
3. 绿色、环保要求	6. 坚持绿色理念	开展绿色施工宣传、培训和实施监督
	7. 保护当地环境	全力做好项目土地、拆迁、建设等环境保障
	8. 建立绿色生态管理机构	严格落实环境保护，应建立绿色施工管理机构并落实责任到人
4. 当地的经济水平	9. 当地的经济水平	当地的经济发展水平制约着项目工程管理模式的使用，经济发达地区，资金充裕，可以进行外包，额外付一笔管理费用
5. 村民参与程度	10. 村民参与程度	村民作为一分子，要加强村民参与力度，让村民参与到村镇的建设环节中，充分考虑村民的意愿

续表

范畴化概念	初始概念	原始语句
6. 地方政府监管责任	11. 地方政府监管责任	如果政府监管责任强,可以选择适合项目的工程管理模式,反之,可能导致项目质量低下,效率不高
7. 绿色环保信息有效传递	12. 绿色环保信息交流不畅通	绿色环保信息高效沟通,是村镇建设项目实现绿色宜居建设目标的重要保障
8. 金融市场的稳定程度	13. 多渠道筹措资金	目前村镇的项目都靠国家的资金扶持,村镇的配套资金十分有限,可以引入社会资本参与其中
9. 承包商的技术管理能力	14. 承包商的技术管理能力	项目的总体成功与否在很大程度上取决于承包商在项目规划和控制方面的技术能力
10. 项目类型	15. 项目类型	项目类型不同,本身的特征属性是不同的,比如我们建设的移民搬迁工程为了赶工期,采用 EPC 模式;再比如公路基础设施项目,没有资金,那我们就应该选用带有融资的模式
11. 项目规模	16. 项目规模	村镇项目规模大都不同,有小有大,不只是普通的农宅建设,还包括田园综合体建设,不同的项目规模选的工程管理模式也是不同的
12. 投资额度	17. 投资额度	村镇项目越来越多,光靠政府拨款杯水车薪,使得部分项目需要承包商先行垫资建设,所以也会选择一些不需要业主一次性投入大量资金的项目管理模式
13. 资金主要来源方式	18. 资金主要来源方式	村镇项目的资金大多来自国拨资金,那么采用哪种项目管理模式与资金来源有一定的关系
14. 设计考虑村民的生活习惯	19. 设计考虑村民的生活习惯	项目在设计中,要充分考虑居民宜居,体现出当地的特色
15. 施工要求节能、经济实用	20. 施工要求节能、经济实用	项目施工采用一些节能的设计,使建筑经济实用。反映了项目施工是否大量采用本土材料
16. 项目风险	21. 当地条件带来的风险	生态环境条件是否适宜项目的建设,项目的建设类型也有相应的要求,当地的生态环境条件要求项目的设计、施工到交付全过程都是绿色环保
17. 业主类型	22. 投资主体	根据投资主体的不同,选择项目工程管理模式的要求也不同
18. 业主的人力资源	23. 业主的人力资源	镇政府没有专门的住建局,经济发展办公室里边有两个岗位是跟建设有关的,总共编制是八个人,其中两人是城建和规划
19. 业主的经验	24. 业主的经验	我们成功实施的项目,工程管理模式是 EPC,所以再有类似项目我们还是会首选 EPC,一是我们做过一定的经验,二是 EPC 模式确实很好
20. 业主的管理能力	25. 业主的管理能力	我们没有相应的组织管理机构,工程管理实行直接购买服务,代理公司一次性做好交给我们
21. 业主的财务状况	26. 业主的财务状况	任何项目,资金都是非常重要的,业主的经济实力雄厚,对于项目出现的损失能够承担,对于项目更好地完成具有重要作用
22. 对质量的要求	27. 对质量的要求	工程质量是项目关注的重点,在绿色宜居村镇项目建设过程中,质量的要求相对较高,对于项目工程管理模式的选择有着更大的需求
23. 对按时完工的要求	28. 对按时完工的要求	政府应急抢险时间紧,要求必须在什么时间完成,这个时候可以采用平行发包或者总承包模式,提高项目的建设速度

续表

范畴化概念	初始概念	原始语句
24. 对控制成本的要求	29. 对控制成本的要求	项目实施之前有做过预算，要尽量在项目实施过程中控制成本，不超出预算
25. 对绿色健康安全的要求	30. 对绿色健康安全的要求	在绿色宜居村镇建设中，业主对采用节约能源、采用本土化材料、合理利用水源、土地资源集约化以及保护当地的环境提出一定的要求
26. 业主的参与意愿	31. 业主的参与意愿	如果业主参与意愿较为强烈，可选择传统的模式；要是没有人才，为了省事，可以选择总承包模式
27. 允许变更的程度	32. 允许变更的程度	绿色、宜居的项目，要求更为严格，不允许设计出现重大变更
28. 承担风险的意愿	33. 承担风险的意愿	在模式的选择上，尽量选择风险较小的，不会影响项目的落地
29. 对项目参与方的信任	34. 对项目参与方的信任	政府对于现有的工程管理模式并不熟悉，听别人介绍，考察学习后使用

2）主轴编码

主轴编码是二级编码，为保障研究过程中出现的概念具有高度概括性，本书对开放性编码进一步进行主轴编码。主轴编码是对许多的杂乱无章的初始概念进行同类维度的合并，将开放编码获取的 29 条范畴化概念归纳为 9 个主范畴（表 4.5）。

表 4.5　主轴编码形成的主范畴

类别	主范畴	对应范畴	范畴内涵
1. 外部环境	1. 政治环境	1. 国家政策的影响	社会中关于该项目运作的国家政策
		2. 村镇规划的影响	村镇规划对于项目管理模式的影响
		3. 绿色、环保要求	绿色、环保要求对工程管理模式选择的限制
	2. 社会环境	4. 村民参与程度	村民在项目前期中的参与程度
		5. 地方政府监管责任	地方政府对于项目的监管责任
		6. 绿色环保信息有效传递	对于绿色环保信息的高效传递
		7. 承包商的技术管理能力	项目的承包商的技术管理水平
	3. 经济环境	8. 当地的经济水平	省域经济发展水平
		9. 金融市场的稳定程度	项目所在地资金的稳定程度
2. 项目特征	4. 项目属性	10. 项目类型	如基础设施项目、田园综合体
		11. 项目规模	项目规模，如大型、中型以及小型
	5. 项目资金	12. 投资额度	建设项目所需要的总投资费用
		13. 资金主要来源方式	资金主要来源方式，如政府投资、社会资本投资等
	6. 项目要求及不确定性	14. 设计考虑村民的生活习惯	项目设计考虑当地居民的生活习惯
		15. 施工要求节能、经济实用	项目施工要求运用节能技术且经济实用
		16. 项目风险	项目所在地的生态环境条件导致的风险

续表

类别	主范畴	对应范畴	范畴内涵
3. 业主特征及目标	7. 业主能力	17. 业主类型	业主类型，如政府业主、社会资本方、村集体业主等
		18. 业主的人力资源	业主参与项目的人员配备情况
		19. 业主的经验	业主参与及管理此类项目的经验
		20. 业主的管理能力	业主的自主管理能力
		21. 业主的财务状况	业主的资金情况
	8. 业主目标要求	22. 对质量的要求	业主对质量控制的要求
		23. 对按时完工的要求	业主对按时完工的要求
		24. 对控制成本的要求	业主对在预算内完成项目的成本要求
		25. 对绿色健康安全的要求	业主对绿色健康安全的要求
	9. 业主偏好	26. 业主的参与意愿	业主是否愿意参与项目的管理与实施
		27. 允许变更的程度	业主允许项目变更的程度
		28. 承担风险的意愿	业主愿意承担风险的程度
		29. 对项目参与方的信任	业主对项目参与方的信任程度

3）选择性编码

选择性编码是三级编码，在主轴编码之后，对相应的范畴进一步归类，找到各关系类别与范畴之间的关系，即绿色宜居村镇建设项目影响因素概念模型[94]。经过三级编码及分析，根据研究目的将本书的核心问题范畴化为"绿色宜居村镇建设项目工程管理模式选择的影响因素"，最终归为三大类（表4.6）。

表 4.6 基于主轴编码的大类关系

序号	关系类别	影响关系范畴	关系内涵
1	项目特征	项目属性、项目资金、项目要求及不确定性	项目属性、项目资金、项目要求及不确定性构成了项目本身的特征，而项目资金是业主授予的项目特征。项目特征是引导业主进行项目管理模式选择的基础
2	业主特征及目标	业主能力、业主目标要求、业主偏好	业主偏好影响业主的选择，业主能力影响业主的偏好。业主特征及目标影响了模式的选择
3	外部环境	政治环境、社会环境、经济环境	外部环境包含三个因素，这三个因素的改变，驱动业主对于管理模式的选择

依据主范畴的典型关系结构，从五个方面建立关系结构（表4.7），第一方面是项目特征是进行项目管理模式选择的基础；第二方面是业主特征及目标影响项目管理模式的选择；第三方面是外部环境的影响推动项目管理模式选择；第四方

面是项目特征又会决定业主单位的选择及目标的确定；第五方面是外部环境也会影响业主单位的选择。三个典型关系结构将 9 个主范畴归为三大类，并建立绿色宜居村镇建设项目管理模式选择的影响因素概念关系模型。

表 4.7　主范畴的典型关系结构

典型关系结构	关系结构的内涵
项目特征→项目工程管理模式选择	项目属性、项目资金、项目要求构成了项目本身的特征，而项目资金是业主授予的项目特征。项目特征是业主进行项目管理模式选择的基础
业主特征及目标→项目工程管理模式选择	业主能力、业主目标要求、业主偏好构成了业主的特征及目标。业主能力影响了业主目标要求和偏好，因此，业主特征及目标影响项目管理模式的选择
外部环境→项目工程管理模式选择	外部环境影响推动项目管理模式的选择
项目特征→业主特征及目标	项目属性、项目资金、项目要求及不确定性构成了项目本身的特征，通过不同的项目特征会导致不同业主单位的选择
外部环境→业主特征及目标	外部环境包括政治、社会以及经济环境，外部环境会影响业主单位的选择

4）饱和度检验

按照前文的编码模式，从所有原始资料中随机抽取两份资料进行编码，进行三级编码后得到的范畴均包含在现有范畴中，并未发现新的范畴，由此可认为，已建立的理论模型足够完善，并在理论上达到饱和。

5）影响因素概念关系模型

绿色宜居村镇建设项目工程管理模式优选影响因素概念关系模型见图 4.2。

对于绿色宜居村镇建设项目工程管理模式选择的影响因素，初步确定由项目特征、业主特征及目标以及外部环境三大类，9 个一级指标，29 个二级指标构成。

4.2.2　指标检验及权重确定

1. 问卷设计

设计调查问卷的目的是调查绿色宜居村镇建设项目工程管理模式优选影响因素的重要程度。本调查问卷主要由两部分构成，第一部分是受访者的基本信息，包括从业单位、从事该行业的时间、职称以及工作的城市；第二部分是确定影响因素的重要程度，对影响绿色宜居村镇建设项目工程管理模式优选的因素进行调查，采用利克特 5 级量表（Likert scale）计分法（图 4.3），设置 5 个级别，5 分表

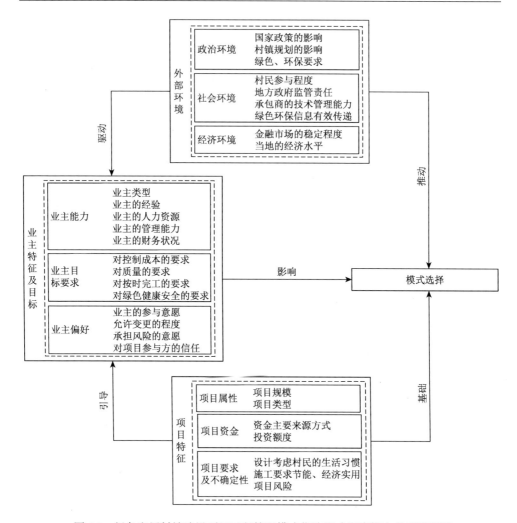

图 4.2　绿色宜居村镇建设项目工程管理模式优选影响因素概念关系模型图

示该影响因素对绿色宜居村镇建设项目工程管理模式影响程度最大，1 分表示影响程度最小，然后对绿色宜居村镇建设项目工程管理模式优选的 29 个影响因素的重要程度进行打分。

图 4.3　利克特 5 级量表计分法

由于调查的主体涉及建设项目工程管理的组织协调和工程技术两个方面，既有理论分析问题，也有工程实践问题[95]，同时要求受访者对建设工程策划、组织实施以及项目管理方面有较好的理论素养，并在某一方面有一定的实践经验。因此，本次调研的对象具体包括：从事工程项目管理研究的人员，工程项目监理、咨询专家，项目管理专家等。

　　课题组的调研主要采用线上线下相结合的方式，从全国 31 个省级行政区中（不含港澳台），抽取了 5 个具有代表性的样本村镇（陕西省洛南县保安镇、广西壮族自治区隆安县那桐镇、江苏省同里镇、贵州省茅台镇、河北省于家乡），发放绿色宜居村镇建设项目管理模式选择的调查问卷。通过网络平台发布问卷，寻找符合条件的调查对象，填写问卷并进行后期反馈。

　　2. 调研问卷的发放与收回

　　问卷设计完成后，先进行了小范围的试填，验证初始测量量表的可靠性，吸纳专家的意见进行二次修改后，进行大规模的问卷发放。在调查过程中课题组主要采用了问卷调查和专家座谈的方法[96]。为全面了解专家对于建设项目工程管理模式选择的现状以及对建设项目工程管理模式的了解程度，在 2020 年 6～12 月，依托国家重点研发计划项目调研活动针对专家发放问卷，其中研究机构人员 3 份，政府部门人员 11 份，咨询单位人员 4 份，设计单位人员 5 份，建设单位人员 25 份，高校人员 54 份，施工单位人员 51 份，其他人员 48 份。本书共发放问卷 201 份（调查问卷详见附录 A），剔除掉其他人员问卷信息不完整、存在明显错误的问卷 35 份，最终回收问卷 166 份，有效率 82.59%（具体情况见表 4.8 及图 4.4）。被调查对象职称均是初级以上，其中工作年限在 1～5 年以上的占 75.9%，一定程度上表明问卷质量比较可靠。

表 4.8　问卷回收统计

调查对象状况	分类	频率	比例	累计比例
工作年限	1 年以下	40	24.10%	24.10%
	1～5 年	67	40.36%	64.46%
	6～10 年	24	14.46%	78.92%
	11～15 年	12	7.23%	86.14%
	16～20 年	16	9.64%	95.78%
	20 年以上	7	4.22%	100.00%
职称	高级	20	12.05%	12.05%
	中级	46	27.71%	39.76%
	初级	100	60.24%	100.00%

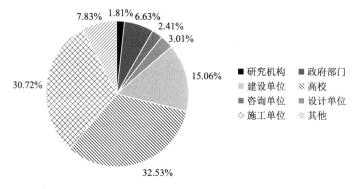

图 4.4　单位性质统计图

3. 因子分析

本部分主要采用 IBM SPSS24.0 来进行检验分析，主要分为三步，第一步进行信度分析，第二步进行效度分析，第三步提取公共因子，确定分类。

1）信度分析

本书借助 IBM SPSS24.0 采用 Cronbach's α（克龙巴赫 α 系数）检测法对所有变量进行检验，问卷整体信度系数为 0.948，Cronbach's α 都在 0.8 以上（表 4.9），表明问卷整体数据可靠。

表 4.9　绿色宜居村镇建设项目管理模式选择的因素信度分析

序号	一级指标	属性指标	Cronbach's α 系数
1	政治环境	E1 国家政策的影响	0.867
		E2 村镇规划的影响	
		E3 绿色、环保要求	
2	社会环境	E4 村民参与程度	0.832
		E5 地方政府监管责任	
		E6 绿色环保信息有效传递	
		E7 承包商的技术管理能力	
3	经济环境	E8 当地的经济水平	0.858
		E9 金融市场的稳定程度	
4	业主能力	O1 业主类型	0.889
		O2 业主的人力资源	
		O3 业主的财务状况	
		O4 业主的经验	
		O5 业主的管理能力	

续表

序号	一级指标	属性指标	Cronbach's α 系数
5	业主目标要求	O6 对质量的要求	0.903
		O7 对按时完工的要求	
		O8 对控制成本的要求	
		O9 对绿色健康安全的要求	
6	业主偏好	O10 业主的参与意愿	0.844
		O11 允许变更的程度	
		O12 承担风险的意愿	
		O13 对项目参与方的信任	
7	项目属性	P1 项目类型	0.901
		P2 项目规模	
8	项目资金	P3 投资额度	0.809
		P4 资金主要来源方式	
9	项目要求及不确定性	P5 设计考虑村民的生活习惯	0.868
		P6 施工要求节能、经济实用	
		P7 项目风险	

2）效度分析

本书的效度分析主要包含内容效度、区分效度以及结构效度。通过文献调研与实际调研相结合，采用扎根理论确定量表，并进行饱和度检验，验证具有内容效度；通过相关系数矩阵（表格太大无法展示，略去）得到每个因子与其他因子都有相关性，但都要低于 KMO 值（0.849），避免了问题项重复，具有区分效度；结果得出 KMO 值是 0.849，大于 0.8，显著性小于 0.05（表 4.10），说明问卷适合做因子分析。

表 4.10　KMO 测度和 Bartlett 球形检验

KMO 取样适切性量数		0.849
Bartlett 球形检验	近似卡方	4377.342
	自由度	406
	显著性	0.000

3）提取公因子

因子分析本质是可以用少量的变量反映大部分变量信息的方法。通过信效度检验之后，观察 SPSS 输出的公因子方差表（表 4.11），这 29 个变量的共性方差均大于 0.5 且大部分都接近于 0.8，表示提取的 6 个公因子能够很好地反映原始变量的信息；观察 SPSS 输出总方差解释表（表 4.12），采用特征根大于 1 的方法提取公因子，结果显示 29 个变量共提取了 6 个公因子，一共解释了总体的 74.601%，达到了良好的效度。通过成分矩阵表 4.13 得到旋转后的成分矩阵表 4.14，观察表 4.14 的旋转因子荷载表，每个因素都只在一个主成分上的荷载比较大，由此可知，每一个变量都是具有效度的。

表 4.11　公因子方差表

属性指标	初始	提取
E1 国家政策的影响	1.000	0.802
E2 村镇规划的影响	1.000	0.826
E3 绿色、环保要求	1.000	0.809
E4 村民参与程度	1.000	0.747
E5 地方政府监管责任	1.000	0.675
E6 绿色环保信息有效传递	1.000	0.689
E7 承包商的技术管理能力	1.000	0.725
E8 当地的经济水平	1.000	0.714
E9 金融市场的稳定程度	1.000	0.695
P1 项目类型	1.000	0.862
P2 项目规模	1.000	0.823
P3 投资额度	1.000	0.580
P4 资金主要来源方式	1.000	0.632
P5 设计考虑村民的生活习惯	1.000	0.807
P6 施工要求节能、经济实用	1.000	0.778
P7 项目风险	1.000	0.602
O1 业主类型	1.000	0.740
O2 业主的人力资源	1.000	0.702
O3 业主的财务状况	1.000	0.807
O4 业主的经验	1.000	0.729
O5 业主的管理能力	1.000	0.704
O6 对质量的要求	1.000	0.751

续表

属性指标	初始	提取
O7 对按时完工的要求	1.000	0.816
O8 对控制成本的要求	1.000	0.785
O9 对绿色健康安全的要求	1.000	0.751
O10 业主的参与意愿	1.000	0.682
O11 允许变更的程度	1.000	0.865
O12 承担风险的意愿	1.000	0.788
O13 对项目参与方的信任	1.000	0.748

提取方法：主成分分析法

表 4.12 总方差解释表

成分	初始特征值			提取载荷平方和			旋转载荷平方和		
	总计	方差百分比	累积/%	总计	方差百分比	累积/%	总计	方差百分比	累积/%
1	13.093	45.147	45.147	13.093	45.147	45.147	4.299	14.823	14.823
2	2.631	9.074	54.221	2.631	9.074	54.221	4.184	14.426	29.249
3	1.957	6.749	60.970	1.957	6.749	60.970	3.756	12.953	42.202
4	1.532	5.284	66.254	1.532	5.284	66.254	3.527	12.161	54.363
5	1.320	4.552	70.806	1.320	4.552	70.806	2.973	10.251	64.614
6	1.100	3.795	74.601	1.100	3.795	74.601	2.896	9.987	74.601
7	0.896	3.089	77.689						
8	0.824	2.842	80.531						
9	0.657	2.265	82.796						
10	0.584	2.014	84.810						
11	0.530	1.827	86.637						
12	0.485	1.673	88.310						
13	0.429	1.479	89.788						
14	0.363	1.253	91.041						
15	0.344	1.186	92.227						
16	0.320	1.104	93.331						
17	0.269	0.927	94.258						
18	0.255	0.879	95.137						
19	0.227	0.781	95.918						
20	0.212	0.732	96.651						

成分	初始特征值			提取载荷平方和			旋转载荷平方和		
	总计	方差百分比	累积/%	总计	方差百分比	累积/%	总计	方差百分比	累积/%
21	0.179	0.616	97.267						
22	0.169	0.582	97.848						
23	0.137	0.471	98.320						
24	0.124	0.428	98.748						
25	0.109	0.374	99.122						
26	0.080	0.275	99.397						
27	0.073	0.251	99.648						
28	0.062	0.213	99.861						
29	0.040	0.139	100.000						

提取方法：主成分分析法

4.2.3 指标体系确定

通过表 4.13 成分矩阵得到表 4.14 旋转后的成分矩阵，可以看出公因子解释 29 个二级指标的情况。可以把主要影响绿色宜居村镇建设项目工程管理模式选择的影响因素分为六大类一级指标，主要包含业主能力、社会环境、业主目标要求、项目信息、政治环境以及业主偏好。将经济环境合并到社会环境中，将项目属性、项目不确定性合并为项目信息。6 个一级指标权重可通过表 14.15 计算获得。

表 4.13 成分矩阵

属性指标	成分					
	1	2	3	4	5	6
E1 国家政策的影响	0.666	−0.092	0.087	−0.385	0.118	−0.425
E2 村镇规划的影响	0.693	0.112	0.059	−0.314	0.123	−0.464
E3 绿色、环保要求	0.756	0.240	−0.088	−0.385	0.145	−0.056
E4 村民参与程度	0.608	0.402	−0.460	0.014	0.062	0.005
E5 地方政府监管责任	0.509	0.357	−0.366	−0.001	0.189	0.343
E6 绿色环保信息有效传递	0.658	0.141	−0.386	0.164	0.241	0.034
E7 承包商的技术管理能力	0.817	0.004	−0.194	−0.040	0.127	0.050
E8 当地的经济水平	0.776	0.287	−0.123	0.015	−0.112	0.036
E9 金融市场的稳定程度	0.810	0.009	−0.122	−0.145	−0.042	−0.023

续表

属性指标	成分					
	1	2	3	4	5	6
P1 项目类型	0.619	−0.308	0.465	0.283	0.294	0.042
P2 项目规模	0.649	−0.350	0.369	0.259	0.274	0.032
P3 投资额度	0.714	−0.069	−0.195	0.130	0.070	−0.081
P4 资金主要来源方式	0.763	−0.108	−0.166	0.039	−0.090	0.031
P5 设计考虑村民的生活习惯	0.729	−0.167	−0.036	0.104	0.482	0.069
P6 施工要求节能、经济实用	0.753	−0.272	0.038	−0.004	0.345	−0.127
P7 项目风险	0.487	−0.232	0.443	0.325	−0.037	0.090
O1 业主类型	0.608	−0.027	−0.287	0.440	−0.305	0.036
O2 业主的人力资源	0.742	−0.130	−0.113	−0.005	−0.349	0.008
O3 业主的财务状况	0.768	−0.178	−0.109	0.121	−0.345	−0.199
O4 业主的经验	0.684	−0.189	−0.149	0.387	−0.171	−0.153
O5 业主的管理能力	0.704	−0.195	0.090	0.112	−0.330	−0.203
O6 对质量的要求	0.726	−0.225	0.119	−0.327	−0.049	0.222
O7 对按时完工的要求	0.692	−0.102	0.230	−0.296	−0.193	0.386
O8 对控制成本的要求	0.826	−0.132	0.101	−0.183	−0.068	0.191
O9 对绿色健康安全的要求	0.655	−0.080	0.231	−0.311	−0.209	0.348
O10 业主的参与意愿	0.540	0.467	0.322	0.047	−0.164	−0.200
O11 允许变更的程度	0.294	0.685	0.529	−0.013	−0.120	−0.124
O12 承担风险的意愿	0.210	0.749	0.308	0.272	0.086	0.074
O13 对项目参与方的信任	0.605	0.562	0.112	0.180	0.073	0.122

提取方法：主成分分析法

a. 提取了 6 个成分

表 4.14　旋转后的成分矩阵

二级指标	公因子 1	公因子 2	公因子 3	公因子 4	公因子 5	公因子 6
E1 国家政策的影响	0.195	0.115	0.263	0.211	**0.796**	0.063
E2 村镇规划的影响	0.213	0.212	0.175	0.153	**0.792**	0.233
E3 绿色、环保要求	0.102	0.503	0.413	0.063	**0.563**	0.230
E4 村民参与程度	0.301	**0.738**	0.079	−0.111	0.217	0.216
E5 地方政府监管责任	0.061	**0.770**	0.224	−0.005	−0.023	0.164
E6 绿色环保信息有效传递	0.304	**0.718**	0.037	0.210	0.179	0.058

续表

二级指标	公因子 1	公因子 2	公因子 3	公因子 4	公因子 5	公因子 6
E7 承包商的技术管理能力	0.339	**0.563**	0.331	0.278	0.321	0.057
E8 当地的经济水平	0.425	**0.498**	0.324	0.076	0.229	0.351
E9 金融市场的稳定程度	0.397	**0.416**	0.412	0.171	0.393	0.103
P1 项目类型	0.179	0.039	0.213	**0.865**	0.128	0.137
P2 项目规模	0.231	0.086	0.224	**0.827**	0.155	0.060
P3 投资额度	**0.449**	0.440	0.146	0.300	0.271	0.022
P4 资金主要来源方式	**0.504**	0.390	0.344	0.236	0.227	0.012
P5 设计考虑村民的生活习惯	0.126	0.529	0.176	**0.634**	0.279	−0.038
P6 施工要求节能、经济实用	0.231	0.334	0.210	**0.593**	0.461	−0.068
P7 项目风险	0.318	−0.103	0.246	**0.622**	−0.053	0.201
O1 业主类型	**0.751**	0.362	0.087	0.142	−0.106	0.079
O2 业主的人力资源	**0.634**	0.220	0.443	0.109	0.204	0.043
O3 业主的财务状况	**0.763**	0.162	0.276	0.183	0.294	0.048
O4 业主的经验	**0.730**	0.251	0.057	0.340	0.122	0.023
O5 业主的管理能力	**0.673**	0.005	0.295	0.262	0.284	0.118
O6 对质量的要求	0.201	0.200	**0.708**	0.286	0.293	−0.029
O7 对按时完工的要求	0.192	0.148	**0.822**	0.224	0.114	0.131
O8 对控制成本的要求	0.320	0.283	**0.645**	0.326	0.267	0.089
O9 对绿色健康安全的要求	0.184	0.119	**0.795**	0.183	0.131	0.142
O10 业主的参与意愿	0.272	0.083	0.161	0.091	0.281	**0.699**
O11 允许变更的程度	−0.017	−0.048	0.129	0.006	0.174	**0.903**
O12 承担风险的意愿	−0.073	0.242	−0.078	0.080	−0.115	**0.836**
O13 对项目参与方的信任	0.162	0.483	0.163	0.177	0.050	**0.655**

注：表中黑体数字表示对公因子的主要贡献

表 4.15 因子归类及权重确定

公因子 （一级指标）	二级指标	方差百分比	权重
1. 业主能力	业主类型、业主的人力资源、业主的财务状况、业主的经验、业主的管理能力、投资额度、资金主要来源方式	14.823	19.87%
2. 社会环境	当地的经济水平、村民参与程度、地方政府监管责任、绿色环保信息有效传递、金融市场的稳定程度、承包商的技术管理能力	14.426	19.34%
3. 业主目标要求	对质量的要求、对按时完工的要求、对控制成本的要求、对绿色健康安全的要求	12.953	17.36%

续表

公因子 （一级指标）	二级指标	方差百分比	权重
4. 项目信息	项目类型、项目规模，施工要求节能、经济实用，设计考虑村民的生活习惯、项目风险	12.161	16.30%
5. 政治环境	国家政策的影响，村镇规划的影响，绿色、环保要求	10.251	13.74%
6. 业主偏好	业主的参与意愿、对项目参与方的信任、允许变更的程度、承担风险的意愿	9.987	13.39%

由表 4.15 可知影响因素分类情况，O1～O5 业主类型、业主的人力资源、业主的财务状况、业主的经验、业主的管理能力以及 P3～P4 投资额度、资金主要来源方式均与业主有关，可以合并在一起，命名为一级指标 1：业主能力；E4～E7 以及经济环境中的当地的经济水平以及金融市场的稳定程度也是由社会因素引起，可以归为一级指标 2：社会环境；O6～O9 归为一级指标 3：业主目标要求；P1～P2，P5～P7 分别是项目属性以及项目要求，在某种程度上与项目本身的要求有直接的相关性，归为一级指标 4：项目信息；E1～E3 归为一级指标 5：政治环境；O10～O13 归为一级指标 6：业主偏好。与扎根理论的分类基本一致，进而辅助确定绿色宜居村镇建设项目工程管理模式选择指标体系的构建，通过权重确定对后续建设项目工程管理模式选择的应用提供支撑。

4.3　本 章 小 结

首先，本章构建绿色宜居村镇项目案例库，项目特征是采用证据三角形法通过文献分析、半结构化访谈以及政策文件基于扎根理论的质性研究，挖掘出 29 项影响因素，分为项目特征，业主特征及目标以及外部环境三大类别，9 个一级指标，建立了影响因素概念模型图以及各范畴间的典型关系结构，形成了绿色宜居村镇建设项目管理模式优选的指标体系。其次，通过问卷调研，通过信效度检验合格后进行因子分析，并提取公因子；最后，利用因子分析验证建设项目工程管理模式选择的指标体系的分类并进行公因子的权重判定。本章的研究工作为案例推理方法及不确定多属性决策方法的应用打下基础。

第5章 绿色宜居村镇建设项目工程管理模式优选模型构建

随着绿色宜居村镇建设发展，越来越多的新型建设项目应运而生，传统的建设项目工程管理模式有可能无法满足"规建管"结合的要求。根据调研发现，目前绿色宜居村镇实际建设项目工程管理模式存在单一、传统、落后、固化、混用且忽略二级模式的问题。因此，本书进行"三步走"的建设项目工程管理模式优选模型构建。第一步根据政策文件对工程管理模式进行适用性分析，确定研究范围；第二步运用案例推理较为客观地为拟建项目匹配出最相似的工程管理一级模式案例；第三步借助不确定多属性决策方法为拟建项目选择工程管理二级模式的最优方案。

5.1 建设项目适用工程管理模式初步确定

根据 3.2 节的政策分析，初步得出绿色宜居村镇建设项目中的特色小镇项目可以采用 PPP 模式；非经营性的道路项目、学校项目以及公园项目可以采用 BT 模式；高速公路项目可以采用 PFI 模式；电力、水利、收费公路以及污水处理项目可以使用 BOT 模式。公路项目、学校建设以及垃圾处理也可以选用 DB 模式；移民搬迁安置工程、标准厂房以及学校建设还可以选用 E＋P＋C 模式。通过以上分析可得知，目前田园综合体项目、现代农业产业项目、村镇文旅项目、村镇医疗项目以及村镇改厕项目几乎没有政策文件鼓励或优先采用的工程项目管理模式，所以本书的重点是为这五类项目选择最适合的工程管理模式。

5.2 建设项目工程管理一级模式选择模型构建

5.2.1 案例推理方法的可行性分析

基于目前绿色宜居村镇建设项目工程管理模式选择中出现的问题，本书采用案例推理方法匹配适合不同建设项目的工程管理一级模式，以此来提高建设项目选择工程管理模式的科学性，避免盲目选择和凭经验确定项目工程管理模式。

1. 推理方法的对比与选择

根据绿色宜居村镇建设项目专业人员数量不足、流动性强、工程经验不足导致项目工程管理模式存在混用的问题，本书建立了绿色宜居村镇建设项目案例库，借鉴成功实施的项目经验匹配目标项目的工程管理模式。常用的推理方法主要有三种，分别是案例推理、规则推理以及模糊推理[97]，本书对这三种推理方法的特点进行了对比分析（表 5.1）。

表 5.1　推理方法特点对比表[94]

推理方法	知识获取	修正功能	建立成本
案例推理	较容易	有	较少
规则推理	较难	无	较多
模糊推理	较难	无	较多

基于表 5.1 中的分析发现，本书建立案例库的目的是整合影响建设项目工程管理模式优选的众多因素，形成相应的指标体系，通过统一的指标来表达案例特征，而规则推理和模糊推理都需要设定完备的规则库才可使用。在绿色宜居村镇建设过程中，村镇项目规模不一、类型繁多、管理难度大，数据难以获取且有些因素难以用既定的规则去描述，当无法穷尽影响因素时，会影响推理结果的精度[94]。就案例库的构建来说，案例推理可以降低成本和工作量，方便易行。因此，综合上述几方面的特点，本书选择案例推理方法进行拟建项目工程管理模式匹配。

2. 案例推理在项目管理模式选择应用的可行性

本书应用案例推理模型可以将过去成功的绿色宜居村镇建设项目工程管理模式案例的资料进行整合。村镇建设项目资料繁多，但很少被整理，难以用来进行综合分析。采用案例库可以将项目的具体信息用案例特征的形式表示出来，便于建设项目工程管理模式优选，且案例推理过程更加接近专家的决策过程，在一定程度上可以减少村镇领导经验不足而依靠直觉决策导致的建设项目工程管理模式错误决策，使绿色宜居村镇建设项目工程管理模式的选择更加科学和客观。

5.2.2　案例推理的基本流程

案例推理的基本流程可归纳为"4R"。针对绿色宜居村镇建设项目工程管理模式选择而言，案例推理的具体流程如图 5.1 所示。

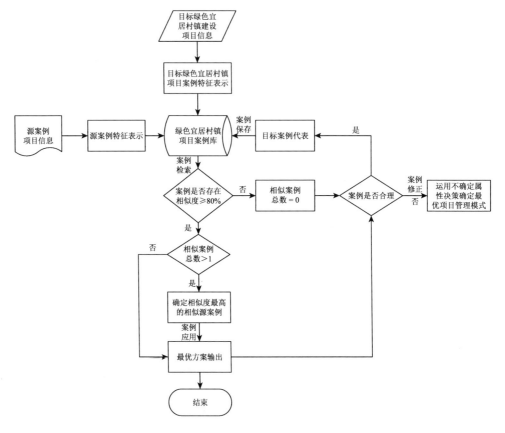

图 5.1　绿色宜居村镇建设项目工程管理模式案例推理图

（1）案例检索（Retrieve）。案例检索是筛选源案例的项目类型，确定项目的子案例库。

（2）案例应用（Reuse）。案例应用是通过最邻近算法得出目标案例与源案例的相似度，当相似度达到设定的阈值80%且案例不唯一时，选择阈值最高的源案例，应用到目标案例上，进行参考指导。

（3）案例修正（Revise）。案例修正是指匹配出的目标案例与源案例相似度小于既定阈值80%，采用专家法进行目标案例分析。

（4）案例保存（Retain）。如果目标案例与源案例相似度达到80%，为目标案例匹配出最相似的工程管理模式，选用该模式后，目标案例的实际情况达到入库标准，目标案例入库保存。如果未匹配到相似的源案例，但经过专家分析后认为目标案例拟采用的工程管理模式合理，目标案例也可作为源案例入库保存。

5.2.3　案例特征表示

案例特征表示是构建案例库的重要基础，主要是将过去发生的成功建设项目用案例特征及特定的符号来表示[98]，具体案例特征见表 5.2。根据扎根理论以及因子分析验证确定的指标体系，提出从业主特征及目标、项目特征、外部环境三个方面来表征绿色宜居村镇建设项目。业主特征及目标包含业主能力、业主目标要求、业主偏好三个指标。

表 5.2　绿色宜居村镇建设项目案例特征表

一级指标	案例特征	指标填选及单位	具体描述	指标相似度计分制
业主能力	业主类型	1 = 政府/2 = 社会方/3 = 村集体/4 = 村民	按照项目实际情况填写	二值型计分制
	业主的人力资源是否丰富	是/否	当地村镇有相应的经济发展办公室且人员超过 5 名	二值型计分制
	业主是否有经验	是/否	承揽村镇项目≥3 项	二值型计分制
	业主是否具备管理能力	是/否	有相应的组织机构	二值型计分制
	业主是否有充足的资金	是/否	是：不需要融资；否：需要融资	二值型计分制
	投资额度	万元（人民币）	按照项目实际情况填写	数值型计分制
	资金主要来源方式	1 = 政府投资/2 = 社会资本方投资/3 = 村集体投资/4 = 村民自筹	按照项目主要资金来源填写	二值型计分制
业主目标要求	项目是否保质完成	是/否	项目是否满足质量合格	二值型计分制
	工期	d	按照项目实际情况填写	数值型计分制
	对控制成本的要求	1 = 好/2 = 合理/3 = 差	按照项目实际情况填写	模糊逻辑型计分制
	项目是否有绿色宜居健康环保的要求	是/否	可行性研究报告是否有规定	二值型计分制
业主偏好	业主是否愿意参与	1 = 全过程参与/2 = 适度参与/3 = 较少参与	按照项目实际情况填写	模糊逻辑型计分制
	对项目参与方是否信任	是/否	根据所选用的模式来判断，如 EPC 模式对项目参与方较信任、不允许项目变更	二值型计分制
	是否允许项目变更	是/否		二值型计分制
	是否愿意承担风险	1 = 双方承担/2 = 主要由承包商承担/3 = 依据自身职能合理划分风险[99]	按照项目实际情况填写	模糊逻辑型计分制 模糊文本相似

续表

一级指标	案例特征	指标填选及单位	具体描述	指标相似度计分制
项目信息	项目类型	1＝基础设施项目/2＝公共服务配套/3＝产业项目/4＝特色小镇/5＝田园综合体/6＝环境整治工程/7＝搬迁安置工程/8＝村民自建房/危房改造	按照项目实际情况填写	二值型计分制
	项目规模	m²	按照项目实际情况填写	数值型计分制
	设计是否考虑村民的生活习惯	是/否	可行性研究报告是否有规定	二值型计分制
	施工是否要求节能、经济实用	是/否	可行性研究报告是否有规定	二值型计分制
	项目是否有风险	文字描述	可行性研究报告是否有说明	二值型计分制
政治环境	项目是否受国家政策影响	是/否	可行性研究报告是否有规定	二值型计分制
	是否有村镇规划并符合要求	是/否		二值型计分制
	是否有绿色、环保要求	是/否		二值型计分制
社会环境	当地的经济水平	一类/二类/三类/四类	依据中国人民大学中国调查与数据中心向社会公开发布的中国发展指数	模糊逻辑型计分制
	村民是否愿意参与	是/否	实地调研与网上资料获取	二值型计分制
	地方政府监管责任是否落实	是/否		二值型计分制
	绿色环保信息是否有效传递	是/否	实地调研与网上资料获取	二值型计分制
	金融市场是否稳定	村镇银行营业厅的数量（个）	镇/县域村镇银行营业厅的数量	数值型计分制
	承包商的技术管理能力	一级/二级/三级	根据《建筑业企业资质标准》来评价	模糊逻辑型计分制

业主能力主要包含业主类型、业主的人力资源、业主的经验、业主的管理能力、业主的财务状况、投资额度以及资金主要来源方式，如业主的经验主要衡量标准是承揽类似村镇项目超过3项；业主目标要求主要包含对质量的要求、对按时完工的要求、对控制成本的要求以及对"舒适、健康、宜居、安全、环保"的要求；业主偏好包含业主是否愿意参与、对项目参与方是否信任、是否允许项目变更以及是否愿意承担风险，主要通过工程管理采用的模式以及可行

性研究报告的要求来确定。项目特征包括项目规模、类型等信息，项目特征的信息可通过项目可行性研究报告获取。外部环境主要包含政治环境和社会环境两个指标，政治环境主要是村镇规划、国家政策以及绿色、环保要求，如是否符合村镇规划和环保要求等；社会环境包含当地的经济水平、村民是否愿意参与、地方政府监管责任是否落实、绿色环保信息是否有效传递、金融市场是否稳定以及承包商是否有足够的技术管理能力，如当地的经济水平是一级、二级、三级还是四级。

5.2.4 案例推理模型构建

1. 案例检索

在绿色宜居村镇建设项目工程管理模式选择过程中，案例特征较为复杂，不同的业主选择建设项目工程管理模式的方式不同，不同类型的建设项目适宜的工程管理模式也有所差异。因此，建设项目工程管理模式优选的第一步是检索，即先根据目标项目类型初步筛选相似案例，第二步是采用相似度计算方法在相应的子案例库中寻找相似案例，最后确定相似案例的工程管理模式。目前比较常用的案例检索算法有决策树算法、神经网络法和最邻近法。决策树算法擅长处理非数值型数据，但会忽略数据集中属性之间的相关性；神经网络法需要很长的训练时间，需要进行大量的预处理数据工作，且大量的参数依靠主观经验确定，有时神经网络法难以解释结果；最邻近法思路简单，可采用不同类型计算相似度的方法，易于理解与实现，无须估计参数，特别适合于多分类问题。综上分析，本书选用最邻近法进行案例检索与匹配。

2. 基于最邻近法的案例检索与匹配

在案例检索过程中，构建合理的案例相似度模型是案例匹配的关键所在，相似度模型能根据局部相似度与全局相似度计算得出最终的建设项目工程管理模式选择方案。根据绿色宜居村镇建设项目工程管理模式选择案例特征的表示，可将案例特征分为以下四种，计算方法如下。

1）数值型案例特征的相似度计算公式[94]

$$\text{dist}(T_i, S_i) = |T_i - S_i|$$

$$\text{SIM}(T_i, S_i) = 1 - \frac{\text{dist}(T_i, S_i) - \min \text{dist}(T_i, S_i)}{\max \text{dist}(T_i, S_i) - \min \text{dist}(T_i, S_i)} \tag{5.1}$$

式中，$\text{dist}(T_i, S_i)$ 为目标案例与源案例特征的绝对值距离；T 为目标案例；S 为源案例。例如，投资额度是数值型数据，采用式（5.1）计算其相似度。

2）二值型案例特征的相似度计算公式

$$\mathrm{SIM}(T_i, S_i) = \begin{cases} 1, & T_i = S_i \\ 0, & T_i \neq S_i \end{cases} \tag{5.2}$$

$\mathrm{SIM}(T_i, S_i)$ 为案例特征的相似得分，是目标案例 T_i 与源案例 S_i 关于 i 案例属性的局部相似度，即目标案例与源案例的属性值相同为 1，反之为 0。例如，业主是否有经验、是否受国家政策影响是二值型数据，采用式（5.2）计算其相似度。

3）模糊逻辑型案例特征的相似度计算公式[100]

$$\mathrm{SIM}(T_i, S_i) = 1 - \frac{|T_i - S_i|}{M} \tag{5.3}$$

式中，M 为案例特征值的最大值。例如，承包商是否有足够的技术管理能力，分为一级、二级以及三级三个等级，它们分别被赋值 1、2、3，采用式（5.3）计算相似度，此时 M 取值为 3。再比如，当地的经济发展水平，依据中国人民大学中国发展指数分为一类、二类、三类、四类四个等级，它们分别被赋值 1、2、3、4，当地的经济发展水平采用式（5.3）计算相似度，此时 M 取值为 4。

4）模糊文本型案例特征的相似度计算公式[101]

步骤 1：文本分词。针对目标案例和源案例的某一案例特征，研究描述形成有效特征词语集合。

$$T_{ij} = \{T_{i1}, T_{i2}, T_{i3}, \cdots, T_{im}\}; \quad S_{ij} = \{S_{i1}, S_{i2}, S_{i3}, \cdots, S_{im}\}$$

步骤 2：分词合并去重。对集合 T_{ij} 和 S_{ij} 进行合并去重，得到案例特征。

$$Z_{ij} = \{Z_{j1}, Z_{j2}, Z_{j3}, \cdots, Z_{jk}\}$$

步骤 3：词频向量建立。基于集合 T_{ij} 和 S_{ij}，分别计算目标案例和源案例在集合 Z_{ij} 中每个词语的词频，由此得到目标案例与源案例的词频向量。

$$\overrightarrow{F(T_{ij})} = \{f_{T_{i1}}, f_{T_{i2}}, f_{T_{i3}}, \cdots, f_{T_{ik}}\}; \quad \overrightarrow{F(S_{ij})} = \{f_{S_{i1}}, f_{S_{i2}}, f_{S_{i3}}, \cdots, f_{S_{ik}}\}$$

步骤 4：相对词频向量建立。利用 L2-norm 分别对词频向量 $\overrightarrow{F(S_{ij})}$ 与 $\overrightarrow{F(T_{ij})}$ 进行归一化处理，以去掉句子长短差异的影响，得到目标案例与源案例的相对词频向量。

$$\overrightarrow{H(T_{ij})} = \{h_{T_{i1}}, h_{T_{i2}}, h_{T_{i3}}, \cdots, h_{T_{ik}}\}; \quad \overrightarrow{H(S_{ij})} = \{h_{S_{i1}}, h_{S_{i2}}, h_{S_{i3}}, \cdots, h_{S_{ik}}\}$$

步骤 5：相似度计算。基于相对词频向量 $\overrightarrow{H(T_{ij})}$ 和 $\overrightarrow{H(S_{ij})}$ 利用余弦相似度计算目标案例与源案例关于某一属性值的相似度，公式为

$$\mathrm{SIM}(T_i, S_i) = \frac{\sum_1^k h_{T_{ik}} \times h_{S_{ik}}}{\sqrt{\sum_1^k (h_{T_{ik}})^2} \times \sqrt{\sum_1^k (h_{S_{ik}})^2}} \tag{5.4}$$

例如，已知 T_{ij} = "地势平坦开阔，原有村落格局较好，良好的生态环境，适宜项目建设"，S_{ij} = "良好的生态环境，地势较平坦，大部分地块适宜项目建设"。

第一步进行文本分词可得，T_{ij} = {地势，平坦，开阔，原有，村落，格局，较好，良好，生态环境，适宜，项目，建设}，S_{ij} = {良好，生态环境，地势，较，平坦，大部分，地块，适宜，项目，建设}。

第二步进行分词合并去重，得到案例特征 Z_{ij} = {良好，生态环境，地势，较，平坦，开阔，原有，村落，格局，较好，大部分，地块，适宜，项目，建设}。

第三步进行词频向量建立：

$\overrightarrow{F(T_{ij})}$ = (1, 1, 1, 0, 1, 1, 1, 1, 1, 1, 0, 0, 1, 1, 1)；$\overrightarrow{F(S_{ij})}$ = (1, 1, 1, 1, 1, 0, 0, 0, 0, 0, 1, 1, 1, 1, 1)。

第四步相对词频向量建立，运用 L2-norm 分别对词频向量进行归一化处理，分别得到相对词频向量：$\overrightarrow{F(T_{ij})}$ = (0.289, 0.289, 0.289, 0, 0.289, 0.289, 0.289, 0.289, 0.289, 0.289, 0, 0, 0.289, 0.289, 0.289)；$\overrightarrow{F(S_{ij})}$ = (0.316, 0.316, 0.316, 0.316, 0.316, 0, 0, 0, 0, 0, 0.316, 0.316, 0.316, 0.316, 0.316)。

第五步运用式（5-4）计算案例特征的相似度，得到相似度为 0.6139。同理可得源案例与目标案例的相似度。

5）全局相似度计算公式

全局相似度是计算目标案例与源案例的相似程度，通过上述数值型、二值型、模糊逻辑型以及模糊文本型四种局部相似度计算方法，基于因子分析法得到的案例特征的权重，最终计算全局相似度，具体如下：

假设案例库中的源案例为 $S_i = \{S_{i1}, S_{i2}, S_{i3}, \cdots, S_{im}\}$，$i = (1, 2, \cdots, n)$，每个案例的属性值为 $C_j = \{S_{1j}, S_{2j}, S_{3j}, \cdots, S_{nj}\}$，$j = (1, 2, \cdots, m)$。目标案例为 T_i，同时基于上述四种相似度算法，构建目标案例与源案例的全局相似度计算矩阵，具体如下：

$$\left[\frac{T}{S}\right] = \begin{bmatrix} S_{11} & S_{12} & \cdots & S_{1n} \\ S_{21} & S_{22} & \cdots & S_{2n} \\ \vdots & \vdots & & \vdots \\ S_{m1} & S_{m2} & \cdots & S_{mn} \end{bmatrix}$$

然后对其矩阵进行归一化处理，同时结合因子分析法确定的权重 ω_i，则可以得到目标案例 T 与案例库中源案例 S_j 全局相似度。

$$\text{SIM}(S_j) = \sum_{i=1}^{n} \text{sim}(S_j)\omega_i \Big/ \sum_{i=1}^{n} \omega_i \qquad (5.5)$$

3. 应用与修正

根据式（5.5）计算最终相似度，将相似度大于80%阈值的案例作为相似案例，最终得到的相似案例有两种：第一种情况，相似案例唯一，直接采用该方案；第二种情况，多个相似案例，采用阈值最高的案例[102]。如果没有检索到阈值大于80%的相似案例，可能是存在以下问题：①目标案例与源案例的子案例特征的差异性，即目标案例包含了源案例不涉及的子案例特征，不满足使用该案例匹配的条件；②绿色宜居村镇建设项目案例较少，使得案例库中的源案例不能够满足目标案例情况。此时需要借助专家或决策者对实际情况进行分析决策，进行如下情况修正：在遇到①时，要进行专家讨论，确定增加的案例特征是否需要，若需要，就对案例库中的源案例进行修正补充，以满足目标案例的匹配需求；若是目标案例多于源案例的子案例特征是其他目标案例方案匹配也不需要的，就对该案例特征进行删除。在遇到②时，如果案例库没有所对应的源方案，结合该目标案例的实际情况进行专家论证，以保证能够找到适用于目标案例的工程管理模式，保证项目的顺利实施[70]。

4. 案例保存

通过案例检索以及案例的应用过程，选出目标案例的工程管理模式后，后续要关注该项目的实施过程，判断是否满足项目入库的三项标准，若该项目达到入库标准，纳入案例库中。符合入库标准的案例不断地加入，使得案例库的知识更加丰富，这有助于提高项目管理一级模式匹配的准确度。

5.3　工程项目管理二级模式决策模型构建

5.3.1　不确定多属性决策方法的适用性分析

1. 多属性决策方法的不确定性特征

建设项目工程管理模式选择是一个复杂的多目标决策问题，受很多因素的影响，虽然通过案例推理选择出了适宜的一级工程管理模式，但由于绿色宜居村镇建设项目成功案例较少且所选用的项目管理模式大多是一级模式，二级模式不完整或信息不全，再加上项目不确定性的存在不一定能通过案例推理方法匹配出一级工程管理模式下的二级模式案例。因此，还需通过一定的决策模式，找出适宜该项目的二级工程管理模式。项目工程管理模式决策中的不确定性如下。

1）指标体系的不确定性

要让不同外部环境、不同自身特点的建设项目精准选择适宜的工程管理模式，需要一套完备的指标体系，但目前没有专家学者在绿色宜居村镇建设项目工程管理模式选择的研究中有一套公认的指标体系，因此，指标体系是不确定的[103]。

2）指标权重的不确定性

每个指标对决策问题的影响程度是不同的，这些权重的判定依靠专家、学者的主观判断，不同的专家因为知识背景以及偏好程度的不同，造成了指标权重的不一致，即属性权重的不确定性[94]。

2. 不确定多属性决策模式的可行性

根据指标体系与属性权重的不确定性，绿色宜居村镇建设项目工程管理模式选择的决策问题，可以应用不确定属性决策分析方法解决。针对绿色宜居村镇建设项目管理模式选择的不确定分析做如下假设。

假设 1：指标体系是确定的，根据扎根理论以及因子分析法确定出完整的指标体系。

假设 2：指标的属性值是不确定的，但可以用区间值来描述。

假设 3：决策者的权重向量是确定的，假设决策者的权威性一致[104]。

3. 不确定多属性决策模式的确定

本书在 2.2 节对不确定多属性决策方法的特征进行了介绍，确定了绿色宜居村镇建设项目工程管理模式的选择问题可以应用不确定多属性决策方法，主要分为三大类 9 种决策方法。这三类不确定多属性决策方法的不同之处在于属性权重是否已知以及属性值的表现形式是什么。从绿色宜居村镇建设项目工程管理模式决策问题来看，在实际生活工作中，很多问题难以用准确的数值代表，如方案的满意程度，通常需要用语言来形容，如"满意""不满意"来形容，而在决策者决策时无法正好与标度值一一对应，此时就需要采用不确定性语言变量来描述属性值。

针对属性权重为实数且属性值为不确定性语言的多属性决策问题，徐泽水[68]归纳出了四种决策方法，如图 5.2 所示。

根据图 5.2 可知，第一种和第二种多属性决策方法适合单人决策，结果较为模糊；第三种和第四种决策方法是在第一、二种决策方法中加入了群体偏差，适合群决策，适用范围广，结果较为精确，第四种决策方法比较适用于决策矩阵有缺失值的情况，第三种决策方法计算量相对较小，适用于政府部门高效率的决策，现实意义更强[104]。因此，本书选择第三种决策方法来构建绿色宜居村镇建设项目工程管理二级模式选择模型。

5.3.2　不确定多属性决策模型构建

对于绿色宜居村镇建设项目管理模式选择的这类多属性决策问题，本书采用第三种决策方法，建立相应的多属性决策模型，具体过程如下。

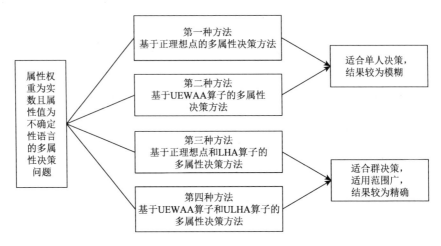

图 5.2　多属性决策方法图

UEWAA 即 uncertain extended weighed arithmetic average，不确定拓展加权算术平均；ULHA 即 uncertain linguistic hybrid aggregate，不确定语言混合聚合

步骤 1：评估矩阵确定。

决策者针对不同模式给出不确定语言评估值 $\tilde{r}_{ij}^{(k)}$，并得到评估矩阵如下：

$$\tilde{R}_k = (\tilde{r}_{ij}^{(k)})_{n \times m}, 且 \tilde{r}_{iy}^{(k)} \in \tilde{S}, \tilde{r}_{ij}^{(k)} = [\tilde{r}_{ij}^{(k)^L}, \tilde{r}_{ij}^{(k)^U}]$$

步骤 2：正理想点确定。

设 $\tilde{x}_i^{(k)} = (\tilde{r}_{i1}^{(k)}, \tilde{r}_{i2}^{(k)}, \cdots, \tilde{r}_{im}^{(k)})$ 为决策者 d_k 给出的相应于方案 $x_i (i \in N)$ 的属性值向量，$\tilde{x}^+ = (\tilde{r}_1^+, \tilde{r}_2^+, \cdots, \tilde{r}_m^+)$ 为方案的正理想点，其中 $\tilde{r}_j^+ = [\tilde{r}_j^{+^L}, \tilde{r}_j^{+^U}]$，

$$\tilde{r}_j^{+^L} = \max_i \max_j \{\tilde{r}_{ij}^{(k)^L}\}, \tilde{r}_j^{+^U} = \max_i \max_j \{\tilde{r}_{ij}^{(k)^U}\}, \ j \in M \tag{5.6}$$

其中，$r_j^{+^L}$ 和 $r_j^{+^U}$ 分别为 $\tilde{r}_j^+$ 的下限和上限。

步骤 3：计算偏差分量。

设 $\tilde{\mu} = [s_a, s_b]$ 和 $\tilde{\upsilon} = [s_c, s_d]$ 为两个不确定语言变量，$c \geqslant a$，$d \geqslant b$。

$$D(\tilde{\mu}, \tilde{\upsilon}) = \frac{1}{2}(s_{c-a} \oplus s_{d-b}) = s_{\frac{1}{2}(c-a+d-b)} \tag{5.7}$$

步骤 4：方案偏差计算。

$$D(\tilde{x}^+, \tilde{x}_i) = \omega_1 D(\tilde{r}_1^+, \tilde{r}_{i1}) \oplus \omega_2 D(\tilde{r}_2^+, \tilde{r}_{i2}) \oplus \cdots \oplus \omega_m D(\tilde{r}_m^+, \tilde{r}_{im}), \ i \in N \tag{5.8}$$

其中，$\omega = (\omega_1, \omega_2, \cdots, \omega_m)$ 为属性的权重向量，$\tilde{x}_i = (\tilde{r}_{i1}, \tilde{r}_{i2}, \cdots, \tilde{r}_{im})(i \in N)$ 为相应于方案 x_i 的属性值向量。

步骤 5：群体偏差计算。

$$\begin{aligned} D(\tilde{x}^+, \tilde{x}_i) &= \text{LHA}_{\lambda, \omega}(D(\tilde{x}^+, \tilde{x}_i^{(1)}), D(\tilde{x}^+, \tilde{x}_i^{(2)}), \cdots, D(\tilde{x}^+, \tilde{x}_i^{(t)})) \\ &= \omega_1 \tilde{\upsilon}_i^{(1)} \oplus \omega_2 \tilde{\upsilon}_i^{(2)} \oplus \cdots \oplus \omega_t \tilde{\upsilon}_i^{(t)}, \ i \in N \end{aligned} \tag{5.9}$$

其中，λ 为决策者的权重向量，$\lambda = (\lambda_1, \lambda_2, \cdots, \lambda_t), \lambda_k \geqslant 0$。

步骤 6：方案排序优选。

$D(\tilde{x}^+, \tilde{x}_i)$ 值越小，表明方案 x_i 与方案正理想点越贴近，方案越优。

5.4　本章小结

本章构建了"三步走"的建设项目工程管理模式选择模型。第一步根据政策文件、研究文献和已形成的工程管理模式共识对拟建项目工程管理模式进行适用性分析，初步确定适用于拟建项目的工程管理模式。第二步运用案例推理模型，在分析案例推理的基本流程后，设计出项目案例特征表示和检索方法；在构建案例库的同时，选用最邻近算法进行案例匹配，选择相似度最高的历史源案例作为拟建项目的工程管理一级模式，符合阈值的相似案例并满足入库标准的，目标案例入库保存。第三步运用不确定多属性决策模型，同时对绿色宜居村镇建设项目工程管理模式优选的不确定多属性决策方法的特征以及可行性进行了分析，采用不确定多属性决策方法构建决策模型，为拟建项目选出群体偏差最小的方案，即决策出最优的建设项目工程管理二级模式。

第6章 田园综合体项目案例实证分析

田园综合体是在乡村振兴战略的大背景下诞生的、注重生态文明建设、集农业＋生态＋文化＋旅游为一体、将一二三产融合的产业可持续发展新模式。本书选择某村 2017 年立项、2020 年建成的田园综合体项目作为目标案例，利用当初的项目决策资料进行项目工程管理模式优选，而后与现实项目工程管理模式对比，验证理论模型的有效性。建设项目工程管理模式优选采用"三步走"决策模型。第一步是初步确定建设工程管理模式的搜索范围。第二步是案例匹配模型的构建，首先进行项目类型的筛选，然后利用案例推理的相似度算法进行项目工程管理模式的选择，达到相似度阈值后输出结果，得到项目管理一级模式。第三步是不确定多属性决策模型的构建，基于正理想点与 LHA 算子的决策方法对项目工程管理二级模式进行选优，选择出偏差度最小的方案，即项目工程管理二级模式。最终将案例推理的结果与不确定多属性决策的优选方案和实际情况对比验证。

6.1 某田园综合体项目特征分析

6.1.1 某村田园综合体项目概况

本书选择的目标案例是江苏省某村田园综合体新建项目（详见表 6.1）。该项目具有三大优势，一是区位优势明显，距市中心 1.5 小时车程，距汽车站 20 分钟车程，全面融入市区两小时经济圈；二是旅游潜力巨大，拥有生态自然景观以及丰富的农业资源和田园风光，可实现当地旅游资源开发；三是国家政策扶持，2017 年国家在 18 个省（区、市）开展田园综合体试点项目。

表 6.1 案例概况表

项目	内容
项目名称	某村田园综合体项目
项目类型	田园综合体项目
业主类型	政府
项目总投资	14 000 万元
项目规模	9 500m^2
主要建设内容	多栋民居楼、园林道路修整、水系整治、多元产业项目等

6.1.2　项目特征分析

1. 项目特征

项目基于"以人为本、保护环境、尊重自然、宜居宜业"的原则，在设计时尊重当地的生态环境，强调将生态理念融入田园综合体项目，保留当地原有的村落格局，较好地考虑了村民生活与休闲相融合的需求。项目投资额度约是 14 000 万元，属于中型建设项目。项目类型是田园综合体项目，项目内容所涉范围广。施工时考虑了垃圾回收利用、运用当地的旧石板作为施工材料，既节约了成本又保持了当地的时代印记。

2. 业主特征及目标

该项目业主类型是地方政府，项目资金由政府与企业共同出资。地方政府有经济发展办公室，有相应的负责建设的专业人员，业主也管理过类似项目，具有一定的经验。同时，该项目是贯彻落实国家美丽乡村建设政策，在绿色宜居村镇建设项目的建设过程中，对节水、节地、节材、节能以及保护环境的要求也极为严格，因此业主环境保护意识和项目管理参与意愿强烈，对于质量、工期以及成本的要求较高。

3. 外部环境

本田园综合体项目建设，受相应的村镇规划以及美丽乡村建设政策支持，符合国家探索产业发展新途径的政策，且与当地的生态环境保护相结合，贯穿绿色发展理念，最大限度地保持村庄的自然形态。该项目是将农业、旅游业以及居民的生活相结合，实现项目的绿色宜居。项目所处的经济环境水平是第二类，较为发达。当地的承包商管理能力也较强，业主也有相应的政府机构专门负责项目的监管。

6.2　指标权重确定

本书根据回收的 166 份问卷，运用 SPSS 软件进行数据的统计分析，以确定各项指标对建设项目工程管理模式选择的重要程度。在基于 4.2 节对影响绿色宜居村镇建设项目工程管理模式优选的问卷进行信度和效度分析达标后，运用因子分析法根据公式对各个指标进行权重的判定。

6.2.1　目标层权重确定

将所有指标进行归一化处理，得出各项一级指标的权重 A_{ij}：

$$A_{ij} = X_{ij} \Big/ \sum_{i=1}^{n} X_{ij} \qquad (6.1)$$

式中，X_{ij} 为某一指标旋转后方差解释率；A_{ij} 为一级指标的权重（表 6.2）。

表 6.2　一级指标在目标层上权重确定

项目	业主能力	社会环境	业主目标要求	项目信息	政治环境	业主偏好
贡献率	14.823	14.426	12.953	12.161	10.251	9.987
权重 A_{ij}	19.87%	19.34%	17.36%	16.30%	13.74%	13.39%

6.2.2　各维度权重确定

通过 SPSS 得出因子得分系数矩阵（表 6.3～表 6.8），用来计算各维度指标权重。

表 6.3　业主能力维度下权重确定

项目	业主类型	业主的人力资源	业主的财务状况	业主的经验	业主的管理能力	投资额度	资金主要来源方式
因子得分系数	0.324	0.214	0.303	0.288	0.268	0.085	0.104
权重 B_{ij}	0.2043	0.1349	0.1910	0.1816	0.1690	0.0536	0.0656

表 6.4　社会环境维度下权重确定

项目	村民参与程度	地方政府监管责任	绿色环保信息有效传递	承包商的技术管理能力	当地的经济水平	金融市场的稳定程度
因子得分系数	0.245	0.336	0.260	0.144	0.079	0.082
权重 B_{ij}	0.2138	0.2932	0.2269	0.1257	0.0689	0.0716

表 6.5　业主目标要求维度下权重确定

项目	对质量的要求	对按时完工的要求	对控制成本的要求	对绿色健康安全的要求
因子得分系数	0.295	0.408	0.228	0.396
权重 B_{ij}	0.2223	0.3075	0.1718	0.2984

表 6.6　项目信息维度下权重确定

项目	项目类型	项目规模	设计考虑村民的生活习惯	施工要求节能、经济实用	项目风险
因子得分系数	0.375	0.345	0.260	0.201	0.239
权重 B_{ij}	0.2641	0.2430	0.1831	0.1415	0.1683

表 6.7　政治环境维度下权重确定

项目	国家政策的影响	村镇规划的影响	绿色、环保要求
因子得分系数	0.453	0.453	0.217
权重 B_{ij}	0.4034	0.4034	0.1932

表 6.8　业主偏好维度下权重确定

项目	业主的参与意愿	允许变更的程度	承担风险的意愿	对项目参与方的信任
因子得分系数	0.269	0.369	0.331	0.217
权重 B_{ij}	0.2268	0.3111	0.2791	0.1830

二级指标在一级指标上的权重 B_{ij} 如下：

$$B_{ij} = Z_{ij} \bigg/ \sum_{i=1}^{n} Z_{ij} \qquad (6.2)$$

式中，B_{ij} 为二级指标在一级指标上的权重；Z_{ij} 为某一指标因子得分系数。

6.2.3　指标权重确定

二级指标在目标层上的权重 ω_{ij}（表 6.9）：

$$\omega_{ij} = A_{ij} \times B_{ij} \qquad (6.3)$$

式中，A_{ij} 为一级指标在目标层上的权重；B_{ij} 为二级指标在一级指标上的权重。

表 6.9　指标权重表

目标层	一级指标 A_{ij}	二级指标 B_{ij}	ω_{ij}
绿色宜居村镇建设项目管理模式选择指标体系	政治环境 0.1374	E1 国家政策的影响	0.0554
		E2 村镇规划的影响	0.0554
		E3 绿色、环保要求	0.0266
	社会环境 0.1934	E4 村民参与程度	0.0413

续表

目标层	一级指标 A_{ij}	二级指标 B_{ij}	ω_{ij}
绿色宜居村镇建设项目管理模式选择指标体系	社会环境 0.1934	E5 地方政府监管责任	0.0567
		E6 绿色环保信息有效传递	0.0439
		E7 承包商的技术管理能力	0.0243
		E8 当地的经济水平	0.0133
		E9 金融市场的稳定程度	0.0138
	项目信息 0.1630	P1 项目类型	0.0430
		P2 项目规模	0.0396
		P5 设计考虑村民的生活习惯	0.0298
		P6 施工要求节能、经济实用	0.0231
		P7 项目风险	0.0274
	业主能力 0.1987	O1 业主类型	0.0406
		O2 业主的人力资源	0.0268
		O3 业主的财务状况	0.0380
		O4 业主的经验	0.0361
		O5 业主的管理能力	0.0336
		P3 投资额度	0.0106
		P4 资金主要来源方式	0.0130
	业主目标要求 0.1736	O6 对质量的要求	0.0386
		O7 对按时完工的要求	0.0534
		O8 对控制成本的要求	0.0298
		O9 对绿色健康安全的要求	0.0518
	业主偏好 0.1339	O10 业主的参与意愿	0.0304
		O11 允许变更的程度	0.0417
		O12 承担风险的意愿	0.0374
		O13 对项目参与方的信任	0.0245

6.3　项目工程管理一级模式的选择

6.3.1　案例的检索与子案例库的构建

对目标田园综合体项目进行检索，确定田园综合体项目的子案例库，基于已构建的案例库以及案例特征的确定，对源案例的案例特征进行符号化的表示，主要分为二值型、数值型、模糊逻辑型以及模糊文本型四大类,通过这四类计算方法得到局部相似度,最后根据最邻近算法确定项目的全局相似度。

1. 案例检索

不同类型项目各具特点,则适合的项目工程管理模式也存在差异。为了保证案例推理的准确性,通过 3.2 节可知,改厕、医疗、文旅、现代农业产业以及田园综合体五类项目适用的工程管理模式还未可知,本章选择其中一类项目作为实证对象进行建设项目工程管理模式选择。通过对案例库的初步筛选,田园综合体成功源案例有五个,因此本章选择田园综合体项目作为目标案例进行实证分析,具体检索图见图 6.1。

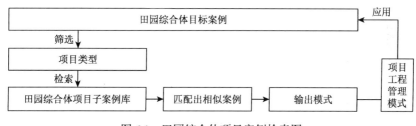

图 6.1 田园综合体项目案例检索图

2. 田园综合体子案例库的构建

通过对项目类型进行筛选后构建田园综合体子案例库(图 6.2),筛选出的田

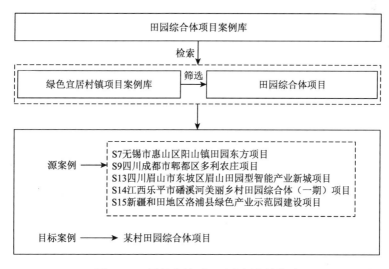

图 6.2 田园综合体项目子案例库的构建

"S" 表示英文的 source

园综合体项目作为源案例进行比较，本书是将江苏省某村田园综合体项目作为目标案例，进行案例匹配。

6.3.2　案例推理模型构建

1. 目标案例与源案例局部相似度计算

选取其中的一个源案例进行详细描述（表6.10），其他同理可得。根据5.3节的案例特征表示，采用二值型的案例特征包括业主类型、业主的人力资源、业主的经验、业主的管理能力、业主的财务状况、对质量的要求等19个指标；采用数值型的案例特征是投资额度、项目规模、工期以及金融市场的稳定程度等4个指标；采用模糊逻辑型的案例特征是当地的经济水平、对控制成本的要求、业主的参与意愿、是否愿意承担风险以及承包商的技术管理能力等5个指标；采用模糊文本相似度算法的是项目风险1个指标。具体案例特征信息见表6.11，基于式（5-1）～式（5-4），计算出江苏省某村田园综合体项目与源案例的局部相似度（表6.12）。

表 6.10　目标案例与源案例 S7 的属性相似度计算结果

案例特征	指标填选及单位	目标案例	源案例 S7	相似度
项目是否受国家政策支持	是/否	是	是	1
是否有村镇规划并符合要求	是/否	是	否	0
是否有绿色、环保要求	是/否	是	是	1
村民是否愿意参与	是/否	是	是	1
地方政府监管责任是否落实	是/否	是	是	1
绿色环保信息是否有效传递	是/否	是	是	1
承包商是否有足够的技术管理能力	一级/二级/三级	二级	一级	0.666 7
当地的经济水平（省域）	一类/二类/三类/四类	二类	二类	1
金融市场是否稳定	村镇银行营业厅的数量/个	4	8	0.333 3
项目类型	1 = 基础设施项目/2 = 公共服务配套/3 = 产业项目/4 = 特色小镇/5 = 田园综合体/6 = 环境整治工程/7 = 搬迁安置工程/8 = 村民自建房/危房改造	田园综合体	田园综合体	1
项目规模	m²	9 500	667 000	0.980 9
设计是否考虑村民的生活习惯	是/否	是	是	1

续表

案例特征	指标填选及单位	目标案例	源案例 S7	相似度
施工是否要求节能、经济实用	是/否	是	是	1
项目当地条件是否有风险	文字描述	地势平坦开阔，原有村落格局较好，良好的生态环境，适宜项目建设	良好的生态环境，地势较平坦，大部分地块适宜项目建设	0.613 9
业主类型	1 = 政府/2 = 社会方/3 = 村集体/4 = 村民	政府	社会方	0
业主的人力资源是否丰富	是/否	是	是	1
业主是否有充足的资金	是/否	是	是	1
业主是否有经验	是/否	否	是	0
业主是否具备管理能力	是/否	是	是	1
投资额度	万元（人民币）	14 000	70 000	0.900 2
资金主要来源方式	1 = 政府投资/2 = 社会资本方投资/3 = 村集体投资/4 = 村民自筹	政府投资	社会资本方投资	0
项目是否保质量完成	是/否	是	是	1
工期	d	180	270	1
对控制成本的要求	1 = 好/2 = 合理/3 = 差	合理	好	0.666 7
项目是否有绿色健康安全的要求	是/否	是	是	1
业主是否愿意参与	1 = 全过程参与/2 = 适度参与/3 = 较少参与	适度参与	较少参与	0.666 7
是否允许项目变更	是/否	是	否	0
是否愿意承担风险	1 = 双方承担/2 = 主要由承包商承担/3 = 依据自身职能合理划分风险[99]	主要由承包商承担	依据自身职能合理划分风险	0.666 7
对项目参与方是否信任	是/否	是	是	1

表 6.11　5 个源案例特征属性及相似度信息系统

二级指标	S7	S9	S13	S14	S15
E1 国家政策的影响	1	1	1	1	1
E2 村镇规划的影响	0	1	1	1	1
E3 绿色、环保要求	1	1	1	1	1
E4 村民参与程度	1	1	1	0	1
E5 地方政府监管责任	1	1	1	0	1
E6 绿色环保信息有效传递	1	1	1	1	1

续表

二级指标	S7	S9	S13	S14	S15
E7 承包商的技术管理能力	0.6667	0.6667	1	1	1
E8 当地的经济水平	1	0.75	0.75	0.75	0.75
E9 金融市场的稳定程度	0.3333	1	0.6667	0.3333	0
P1 项目类型	1	1	1	1	1
P2 项目规模	0.9809	1	0.75	0.872	0
P5 设计考虑村民的生活习惯	1	1	1	1	1
P6 施工要求节能、经济实用	1	1	1	1	1
P7 项目风险	0.6139	0.6737	0.5104	0.4365	0.4565
O1 业主类型	0	0	1	1	1
O2 业主的人力资源	1	1	0	1	1
O3 业主的财务状况	1	0	1	0	0
O4 业主的经验	0	0	1	1	0
O5 业主的管理能力	1	1	1	1	1
P3 投资额度	0.9002	0.9451	0	1	0.6867
P4 资金主要来源方式	0	0	1	0	0
O6 对质量的要求	1	1	1	1	1
O7 对按时完工的要求	1	0.3067	0	0.6134	0.7731
O8 对控制成本的要求	0.6667	0.6667	1	0.6667	0.6667
O9 对绿色健康安全的要求	1	1	1	1	1
O10 业主的参与意愿	0.6667	0.6667	1	0.6667	0.6667
O11 允许变更的程度	0	1	0	0	0
O12 承担风险的意愿	0.6667	0.6667	1	0.6667	0.6667
O13 对项目参与方的信任	1	1	1	0	0

表 6.12　目标案例与源案例属性特征局部加权相似度

二级指标	S7	S9	S13	S14	S15
E1 国家政策的影响	0.0554	0.0554	0.0554	0.0554	0.0554
E2 村镇规划的影响	0	0.0554	0.0554	0.0554	0.0554
E3 绿色、环保要求	0.0266	0.0266	0.0266	0.0266	0.0266
E4 村民参与程度	0.0413	0.0413	0.0413	0	0.0413
E5 地方政府监管责任	0.0567	0.0567	0.0567	0	0.0567
E6 绿色环保信息有效传递	0.0439	0.0439	0.0439	0.0439	0.0439

续表

二级指标	S7	S9	S13	S14	S15
E7 承包商的技术管理能力	0.0162	0.0162	0.0243	0.0243	0.0243
E8 当地的经济水平	0.0133	0.0100	0.0100	0.0100	0.0100
E9 金融市场的稳定程度	0.0046	0.0138	0.0092	0.0046	0
P1 项目类型	0.0430	0.0430	0.0430	0.0430	0.0430
P2 项目规模	0.0388	0.0396	0.0297	0.0345	0
P5 设计考虑村民的生活习惯	0.0298	0.0298	0.0298	0.0298	0.0298
P6 施工要求节能、经济实用	0.0231	0.0231	0.0231	0.0231	0.0231
P7 项目风险	0.0168	0.0185	0.0140	0.0120	0.0125
O1 业主类型	0	0	0.0406	0.0406	0.0406
O2 业主的人力资源	0.0268	0.0268	0	0.0268	0.0268
O3 业主的财务状况	0.0380	0.0000	0.0380	0	0
O4 业主的经验	0	0.0000	0.0361	0.0361	0
O5 业主的管理能力	0.0336	0.0336	0.0336	0.0336	0.0336
P3 投资额度	0.0095	0.0100	0.0000	0.0106	0.0073
P4 资金主要来源方式	0	0	0.0130	0	0
O6 对质量的要求	0.0386	0.0386	0.0386	0.0386	0.0386
O7 对按时完工的要求	0.0534	0.0164	0	0.0328	0.0413
O8 对控制成本的要求	0.0199	0.0199	0.0298	0.0199	0.0199
O9 对绿色健康安全的要求	0.0518	0.0518	0.0518	0.0518	0.0518
O10 业主的参与意愿	0.0203	0.0203	0.0304	0.0203	0.0203
O11 允许变更的程度	0	0.0417	0	0	0
O12 承担风险的意愿	0.0249	0.0249	0.0374	0.0249	0.0249
O13 对项目参与方的信任	0.0245	0.0245	0.0245	0	0
相似度加权和	0.7508	0.7818	0.8362	0.6986	0.7271

2. 全局相似度计算

基于式（5-5），计算出江苏省某村田园综合体项目与源案例的全局相似度（表 6.13）。通过计算得出全局相似度在 80% 以上且最高的是 S13 项目案例，因此该田园综合体项目应采用 EPC 模式。

表 6.13　案例属性特征全局相似度

源案例	项目工程管理模式	全局相似度
S7 无锡市惠山区阳山镇田园东方项目	PPP	75.08%
S9 四川成都市郫都区多利农庄	PPP	78.18%
S13 四川眉山东坡区眉山田园型智能产业新城项目	EPC	83.62%
S14 江西乐平市礴溪河田园综合体（一期）项目	DBB	69.86%
S15 新疆和田地区洛浦县绿色产业示范园建设项目	DBB	72.71%

在确定了江苏省某村田园综合体项目采用工程总承包一级模式后，应确定具体选用哪类工程总承包管理模式。由于案例库的数量较少且几乎不涉及二级模式的案例，因此本书二级模式的选择运用不确定多属性决策模型。

6.4　项目工程管理二级模式的决策

6.4.1　决策要素

根据 5.2 节模型假设，确定该决策模型所需数据（表 6.14）。

表 6.14　决策模型具体要素及数据

要素	具体数据
决策备选方案	$x = (x_1, x_2, x_3, x_4, x_5, x_6)$ 分别代表 $x =$（PC 模式，DB 模式，EP＋C 模式，E＋PC 模式，E＋P＋C 模式，EPCm 模式）
决策者的语言标度	$S = (s_5, s_4, s_3, s_2, s_1, s_0, s_{-1}, s_{-2}, s_{-3}, s_{-4}, s_{-5})$ 分别代表 $S =$（极好，很好，好，较好，稍好，一般，稍差，较差，差，很差，极差）的语言评估值
属性集	$U = (u_1, u_2, \cdots, u_m)$ 分别代表 $U =$（项目类型，项目规模，设计考虑村民的生活习惯，施工要求节能、经济实用，项目风险，业主类型，业主的人力资源，业主的财务状况，业主的经验，业主的管理能力，投资额度，资金主要来源方式，对质量的要求，对按时完工的要求，对控制成本的要求，对绿色健康安全的要求，业主的参与意愿，允许变更的程度，承担风险的意愿，对项目参与方的信任，国家政策的影响，村镇规划的影响，绿色、环保要求，当地的经济水平，村民参与程度，地方政府监管责任，绿色环保信息有效传递，金融市场的稳定程度，承包商的技术管理能力）
属性权重（依据表 6.10 指标权重表得到）	$\omega = (0.043, 0.0396, 0.0298, 0.0231, 0.0274, 0.0406, 0.0268, 0.038, 0.0361, 0.0336, 0.0106, 0.013, 0.0386, 0.0534, 0.0298, 0.0518, 0.0304, 0.0417, 0.0374, 0.0245, 0.0554, 0.0554, 0.0266, 0.0133, 0.0413, 0.0567, 0.0439, 0.0138, 0.0243)$

6.4.2　不确定多属性决策模型构建

通过 6.1 节对江苏省某村田园综合体项目的工程特征进行描述分析，有助于了解项目的实际情况，在了解项目实际情况的基础上进行项目工程管理二级模式决策。

步骤 1：根据该工程项目管理模式的决策问题，本书聘请三位专家（分别是住房和城乡建设局领导、项目经理以及科研学者），根据语言标度区间值判断该项目更适合哪种项目管理二级模式（见附录 B），分别建立决策判断矩阵（表 6.15～表 6.17）。

表 6.15　专家 1 $\tilde{R}_1$ 决策矩阵

属性	PC	DB	EP + C	E + PC	E + P + C	EPCm
u_1	$[s_0, s_1]$	$[s_3, s_4]$	$[s_3, s_4]$	$[s_3, s_4]$	$[s_2, s_3]$	$[s_2, s_3]$
u_2	$[s_0, s_1]$	$[s_3, s_4]$	$[s_2, s_3]$	$[s_3, s_4]$	$[s_2, s_3]$	$[s_2, s_3]$
u_3	$[s_3, s_4]$	$[s_2, s_3]$	$[s_0, s_1]$	$[s_2, s_3]$	$[s_1, s_2]$	$[s_3, s_4]$
u_4	$[s_1, s_2]$	$[s_3, s_4]$	$[s_3, s_4]$	$[s_3, s_4]$	$[s_3, s_4]$	$[s_1, s_2]$
u_5	$[s_{-1}, s_0]$	$[s_2, s_3]$	$[s_2, s_3]$	$[s_3, s_4]$	$[s_2, s_3]$	$[s_0, s_1]$
u_6	$[s_0, s_1]$	$[s_3, s_4]$	$[s_2, s_3]$	$[s_3, s_4]$	$[s_3, s_5]$	$[s_1, s_2]$
u_7	$[s_3, s_4]$	$[s_2, s_3]$	$[s_3, s_4]$	$[s_2, s_3]$	$[s_1, s_2]$	$[s_0, s_2]$
u_8	$[s_0, s_1]$	$[s_2, s_3]$	$[s_2, s_3]$	$[s_3, s_5]$	$[s_0, s_2]$	$[s_3, s_4]$
u_9	$[s_0, s_1]$	$[s_2, s_3]$	$[s_2, s_3]$	$[s_3, s_4]$	$[s_0, s_2]$	$[s_1, s_2]$
u_{10}	$[s_3, s_4]$	$[s_2, s_3]$	$[s_1, s_2]$	$[s_2, s_3]$	$[s_0, s_2]$	$[s_1, s_2]$
u_{11}	$[s_2, s_3]$	$[s_3, s_4]$	$[s_3, s_4]$	$[s_2, s_3]$	$[s_3, s_4]$	$[s_3, s_4]$
u_{12}	$[s_2, s_3]$	$[s_2, s_3]$	$[s_2, s_3]$	$[s_3, s_5]$	$[s_2, s_3]$	$[s_2, s_3]$
u_{13}	$[s_3, s_4]$	$[s_3, s_4]$	$[s_2, s_3]$	$[s_2, s_3]$	$[s_3, s_5]$	$[s_3, s_5]$
u_{14}	$[s_0, s_1]$	$[s_3, s_4]$	$[s_2, s_3]$	$[s_3, s_4]$	$[s_3, s_4]$	$[s_3, s_4]$
u_{15}	$[s_2, s_3]$	$[s_2, s_4]$	$[s_2, s_3]$	$[s_3, s_4]$	$[s_3, s_4]$	$[s_3, s_5]$
u_{16}	$[s_1, s_2]$	$[s_3, s_4]$	$[s_3, s_4]$	$[s_3, s_4]$	$[s_4, s_5]$	$[s_2, s_3]$
u_{17}	$[s_4, s_5]$	$[s_{-2}, s_{-1}]$	$[s_0, s_1]$	$[s_3, s_5]$	$[s_4, s_5]$	$[s_3, s_5]$
u_{18}	$[s_2, s_3]$	$[s_0, s_1]$	$[s_1, s_2]$	$[s_3, s_4]$	$[s_2, s_4]$	$[s_{-1}, s_2]$
u_{19}	$[s_2, s_3]$	$[s_2, s_3]$	$[s_0, s_1]$	$[s_3, s_4]$	$[s_3, s_4]$	$[s_2, s_3]$
u_{20}	$[s_0, s_1]$	$[s_3, s_4]$	$[s_3, s_4]$	$[s_3, s_5]$	$[s_3, s_5]$	$[s_3, s_5]$
u_{21}	$[s_2, s_3]$	$[s_3, s_4]$	$[s_2, s_3]$	$[s_3, s_4]$	$[s_2, s_3]$	$[s_2, s_3]$
u_{22}	$[s_2, s_3]$	$[s_2, s_3]$	$[s_2, s_3]$	$[s_3, s_4]$	$[s_3, s_4]$	$[s_3, s_4]$
u_{23}	$[s_2, s_3]$	$[s_3, s_4]$	$[s_3, s_4]$	$[s_3, s_4]$	$[s_3, s_4]$	$[s_0, s_1]$
u_{24}	$[s_2, s_3]$	$[s_2, s_3]$	$[s_2, s_3]$	$[s_4, s_5]$	$[s_2, s_3]$	$[s_3, s_5]$
u_{25}	$[s_2, s_3]$	$[s_0, s_1]$	$[s_1, s_2]$	$[s_0, s_1]$	$[s_0, s_1]$	$[s_{-1}, s_2]$
u_{26}	$[s_2, s_3]$	$[s_2, s_3]$	$[s_2, s_3]$	$[s_2, s_3]$	$[s_3, s_5]$	$[s_{-1}, s_1]$
u_{27}	$[s_3, s_4]$	$[s_2, s_3]$	$[s_2, s_3]$	$[s_2, s_3]$	$[s_3, s_4]$	$[s_0, s_1]$
u_{28}	$[s_2, s_3]$	$[s_2, s_3]$	$[s_2, s_3]$	$[s_2, s_3]$	$[s_1, s_2]$	$[s_2, s_4]$
u_{29}	$[s_2, s_3]$	$[s_3, s_4]$	$[s_3, s_4]$	$[s_3, s_4]$	$[s_4, s_5]$	$[s_3, s_4]$

表 6.16　专家 2 $\tilde{R}_2$ 决策矩阵

属性	PC	DB	EP + C	E + PC	E + P + C	EPCm
u_1	$[s_3, s_4]$	$[s_2, s_4]$	$[s_2, s_3]$	$[s_2, s_3]$	$[s_2, s_3]$	$[s_2, s_3]$
u_2	$[s_0, s_2]$	$[s_3, s_4]$	$[s_2, s_3]$	$[s_1, s_2]$	$[s_3, s_4]$	$[s_1, s_2]$
u_3	$[s_2, s_3]$	$[s_4, s_5]$	$[s_{-1}, s_0]$	$[s_1, s_2]$	$[s_4, s_5]$	$[s_1, s_2]$
u_4	$[s_2, s_3]$	$[s_4, s_5]$	$[s_0, s_1]$	$[s_1, s_2]$	$[s_4, s_5]$	$[s_1, s_2]$
u_5	$[s_0, s_1]$	$[s_2, s_4]$	$[s_1, s_2]$	$[s_0, s_1]$	$[s_2, s_4]$	$[s_0, s_1]$
u_6	$[s_2, s_3]$	$[s_3, s_4]$	$[s_2, s_4]$	$[s_0, s_1]$	$[s_3, s_4]$	$[s_0, s_1]$
u_7	$[s_1, s_2]$	$[s_3, s_4]$	$[s_{-1}, s_2]$	$[s_3, s_4]$	$[s_3, s_4]$	$[s_1, s_2]$
u_8	$[s_2, s_3]$	$[s_1, s_2]$	$[s_2, s_4]$	$[s_{-1}, s_1]$	$[s_1, s_2]$	$[s_2, s_3]$
u_9	$[s_3, s_4]$	$[s_1, s_2]$	$[s_0, s_2]$	$[s_0, s_1]$	$[s_1, s_2]$	$[s_0, s_1]$
u_{10}	$[s_2, s_3]$	$[s_0, s_1]$	$[s_{-1}, s_0]$	$[s_{-2}, s_{-1}]$	$[s_0, s_1]$	$[s_2, s_3]$
u_{11}	$[s_2, s_4]$	$[s_3, s_4]$	$[s_3, s_4]$	$[s_3, s_4]$	$[s_3, s_4]$	$[s_2, s_3]$
u_{12}	$[s_1, s_2]$	$[s_2, s_3]$	$[s_1, s_2]$	$[s_1, s_2]$	$[s_2, s_3]$	$[s_1, s_2]$
u_{13}	$[s_2, s_3]$	$[s_2, s_3]$	$[s_3, s_4]$	$[s_3, s_5]$	$[s_3, s_4]$	$[s_2, s_3]$
u_{14}	$[s_1, s_2]$	$[s_3, s_4]$	$[s_3, s_4]$	$[s_4, s_5]$	$[s_3, s_4]$	$[s_2, s_4]$
u_{15}	$[s_2, s_3]$	$[s_2, s_3]$	$[s_3, s_4]$	$[s_3, s_4]$	$[s_3, s_4]$	$[s_3, s_5]$
u_{16}	$[s_2, s_3]$	$[s_3, s_4]$	$[s_3, s_5]$	$[s_1, s_3]$	$[s_3, s_4]$	$[s_2, s_4]$
u_{17}	$[s_3, s_5]$	$[s_{-1}, s_0]$	$[s_0, s_2]$	$[s_3, s_5]$	$[s_3, s_4]$	$[s_3, s_4]$
u_{18}	$[s_1, s_2]$	$[s_0, s_1]$	$[s_0, s_1]$	$[s_2, s_3]$	$[s_3, s_4]$	$[s_1, s_2]$
u_{19}	$[s_1, s_2]$	$[s_2, s_3]$	$[s_0, s_1]$	$[s_2, s_3]$	$[s_3, s_4]$	$[s_2, s_3]$
u_{20}	$[s_{-1}, s_2]$	$[s_3, s_5]$	$[s_4, s_5]$	$[s_3, s_5]$	$[s_3, s_4]$	$[s_2, s_4]$
u_{21}	$[s_1, s_3]$	$[s_3, s_4]$	$[s_3, s_4]$	$[s_3, s_5]$	$[s_2, s_4]$	$[s_2, s_4]$
u_{22}	$[s_1, s_2]$	$[s_2, s_3]$	$[s_2, s_3]$	$[s_3, s_5]$	$[s_2, s_3]$	$[s_2, s_3]$
u_{23}	$[s_2, s_3]$	$[s_3, s_4]$	$[s_3, s_4]$	$[s_3, s_4]$	$[s_2, s_3]$	$[s_1, s_2]$
u_{24}	$[s_2, s_3]$	$[s_3, s_4]$	$[s_3, s_4]$	$[s_3, s_5]$	$[s_2, s_3]$	$[s_3, s_5]$
u_{25}	$[s_2, s_3]$	$[s_0, s_1]$	$[s_0, s_1]$	$[s_0, s_1]$	$[s_{-1}, s_0]$	$[s_{-1}, s_0]$
u_{26}	$[s_2, s_3]$	$[s_1, s_2]$	$[s_1, s_2]$	$[s_2, s_3]$	$[s_2, s_3]$	$[s_1, s_2]$
u_{27}	$[s_3, s_4]$	$[s_2, s_4]$	$[s_3, s_4]$	$[s_3, s_4]$	$[s_3, s_4]$	$[s_0, s_1]$
u_{28}	$[s_1, s_2]$	$[s_1, s_2]$	$[s_1, s_3]$	$[s_2, s_4]$	$[s_2, s_3]$	$[s_2, s_3]$
u_{29}	$[s_2, s_3]$	$[s_4, s_5]$	$[s_3, s_5]$	$[s_4, s_5]$	$[s_4, s_5]$	$[s_3, s_4]$

表 6.17　专家 3 $\tilde{R}_3$ 决策矩阵

属性	PC	DB	EP + C	E + PC	E + P + C	EPCm
u_1	$[s_0, s_1]$	$[s_3, s_4]$	$[s_2, s_3]$	$[s_3, s_4]$	$[s_3, s_4]$	$[s_1, s_2]$
u_2	$[s_0, s_1]$	$[s_3, s_4]$	$[s_2, s_3]$	$[s_3, s_4]$	$[s_3, s_4]$	$[s_2, s_3]$

续表

属性	PC	DB	EP + C	E + PC	E + P + C	EPCm
u_3	$[s_3, s_4]$	$[s_2, s_3]$	$[s_0, s_1]$	$[s_2, s_3]$	$[s_3, s_4]$	$[s_2, s_3]$
u_4	$[s_2, s_3]$	$[s_3, s_4]$	$[s_3, s_4]$	$[s_3, s_5]$	$[s_3, s_4]$	$[s_3, s_4]$
u_5	$[s_{-1}, s_0]$	$[s_2, s_3]$	$[s_2, s_3]$	$[s_2, s_3]$	$[s_2, s_3]$	$[s_1, s_2]$
u_6	$[s_1, s_2]$	$[s_3, s_4]$	$[s_1, s_2]$	$[s_2, s_3]$	$[s_3, s_4]$	$[s_0, s_1]$
u_7	$[s_3, s_4]$	$[s_2, s_3]$	$[s_1, s_2]$	$[s_3, s_4]$	$[s_3, s_4]$	$[s_1, s_2]$
u_8	$[s_0, s_1]$	$[s_2, s_3]$	$[s_1, s_2]$	$[s_2, s_4]$	$[s_2, s_3]$	$[s_{-1}, s_2]$
u_9	$[s_1, s_2]$	$[s_2, s_3]$	$[s_2, s_3]$	$[s_1, s_2]$	$[s_0, s_2]$	$[s_0, s_2]$
u_{10}	$[s_3, s_4]$	$[s_2, s_3]$	$[s_2, s_3]$	$[s_3, s_4]$	$[s_1, s_2]$	$[s_3, s_4]$
u_{11}	$[s_1, s_2]$	$[s_3, s_4]$	$[s_3, s_4]$	$[s_3, s_4]$	$[s_2, s_3]$	$[s_3, s_4]$
u_{12}	$[s_2, s_3]$	$[s_2, s_3]$	$[s_1, s_2]$	$[s_3, s_4]$	$[s_3, s_4]$	$[s_2, s_3]$
u_{13}	$[s_2, s_3]$	$[s_2, s_3]$	$[s_2, s_3]$	$[s_2, s_4]$	$[s_3, s_4]$	$[s_2, s_4]$
u_{14}	$[s_1, s_2]$	$[s_2, s_4]$	$[s_2, s_3]$	$[s_3, s_4]$	$[s_3, s_4]$	$[s_2, s_3]$
u_{15}	$[s_2, s_3]$	$[s_2, s_3]$	$[s_2, s_3]$	$[s_2, s_4]$	$[s_2, s_3]$	$[s_2, s_3]$
u_{16}	$[s_1, s_2]$	$[s_2, s_3]$	$[s_2, s_3]$	$[s_2, s_3]$	$[s_3, s_4]$	$[s_2, s_3]$
u_{17}	$[s_3, s_4]$	$[s_{-2}, s_{-1}]$	$[s_0, s_1]$	$[s_3, s_5]$	$[s_3, s_4]$	$[s_3, s_5]$
u_{18}	$[s_1, s_2]$	$[s_0, s_1]$	$[s_1, s_2]$	$[s_2, s_3]$	$[s_0, s_1]$	$[s_0, s_2]$
u_{19}	$[s_2, s_3]$	$[s_2, s_3]$	$[s_0, s_1]$	$[s_2, s_3]$	$[s_2, s_3]$	$[s_2, s_3]$
u_{20}	$[s_0, s_1]$	$[s_2, s_3]$	$[s_2, s_3]$	$[s_3, s_5]$	$[s_3, s_4]$	$[s_4, s_5]$
u_{21}	$[s_1, s_2]$	$[s_2, s_3]$	$[s_2, s_3]$	$[s_2, s_3]$	$[s_2, s_3]$	$[s_3, s_4]$
u_{22}	$[s_2, s_3]$	$[s_1, s_2]$	$[s_2, s_3]$	$[s_2, s_3]$	$[s_1, s_2]$	$[s_2, s_3]$
u_{23}	$[s_1, s_2]$	$[s_2, s_3]$	$[s_2, s_3]$	$[s_2, s_3]$	$[s_1, s_2]$	$[s_0, s_1]$
u_{24}	$[s_1, s_2]$	$[s_2, s_3]$	$[s_1, s_2]$	$[s_2, s_3]$	$[s_2, s_3]$	$[s_4, s_5]$
u_{25}	$[s_1, s_2]$	$[s_2, s_3]$	$[s_1, s_2]$	$[s_1, s_2]$	$[s_0, s_1]$	$[s_0, s_1]$
u_{26}	$[s_1, s_2]$	$[s_2, s_3]$	$[s_1, s_2]$	$[s_2, s_3]$	$[s_1, s_2]$	$[s_1, s_2]$
u_{27}	$[s_2, s_3]$	$[s_1, s_2]$	$[s_2, s_3]$	$[s_2, s_4]$	$[s_1, s_2]$	$[s_0, s_2]$
u_{28}	$[s_2, s_3]$	$[s_2, s_3]$	$[s_3, s_4]$	$[s_3, s_4]$	$[s_1, s_2]$	$[s_2, s_3]$
u_{29}	$[s_1, s_2]$	$[s_3, s_4]$	$[s_2, s_3]$	$[s_2, s_4]$	$[s_1, s_2]$	$[s_3, s_4]$

步骤 2：由式（5-6）求方案的理想点。

$$\tilde{x}^+ = \begin{pmatrix} [s_3, s_4], [s_3, s_4], [s_3, s_5], [s_4, s_5], [s_3, s_5], [s_3, s_5], [s_3, s_4], [s_3, s_5], [s_3, s_4], [s_3, s_4], \\ [s_3, s_4], [s_3, s_5], [s_3, s_5], [s_4, s_5], [s_3, s_4], [s_4, s_5], [s_4, s_5], [s_3, s_4], [s_3, s_4], [s_4, s_5], \\ [s_3, s_5], [s_3, s_5], [s_3, s_4], [s_4, s_5], [s_2, s_3], [s_3, s_4], [s_3, s_4], [s_3, s_4], [s_4, s_5] \end{pmatrix}$$

步骤 3：根据式（5.7）计算每位决策者对不同方案的偏差分量（表 6.18～表 6.20）。

表 6.18　专家 1 偏差分量 $D(\tilde{r}_j^+, \tilde{r}_{ij}^{(1)})$

属性	$D(\tilde{r}_j^+, \tilde{r}_{1j}^{(1)})$	$D(\tilde{r}_j^+, \tilde{r}_{2j}^{(1)})$	$D(\tilde{r}_j^+, \tilde{r}_{3j}^{(1)})$	$D(\tilde{r}_j^+, \tilde{r}_{4j}^{(1)})$	$D(\tilde{r}_j^+, \tilde{r}_{5j}^{(1)})$	$D(\tilde{r}_j^+, \tilde{r}_{6j}^{(1)})$
u_1	s_3	s_0	s_0	s_0	s_1	s_1
u_2	s_3	s_0	s_1	s_0	s_1	s_1
u_3	$s_{0.5}$	$s_{1.5}$	$s_{3.5}$	$s_{1.5}$	$s_{2.5}$	$s_{0.5}$
u_4	s_3	s_1	s_1	s_1	s_1	s_3
u_5	$s_{4.5}$	$s_{1.5}$	$s_{1.5}$	$s_{0.5}$	$s_{1.5}$	$s_{3.5}$
u_6	$s_{3.5}$	$s_{0.5}$	$s_{1.5}$	$s_{0.5}$	s_0	$s_{2.5}$
u_7	s_0	s_1	s_0	s_1	s_2	$s_{2.5}$
u_8	$s_{3.5}$	$s_{1.5}$	$s_{1.5}$	s_0	s_3	$s_{0.5}$
u_9	s_3	s_1	s_1	s_0	$s_{2.5}$	s_2
u_{10}	s_0	s_1	s_2	s_1	$s_{2.5}$	s_2
u_{11}	s_1	s_0	s_0	s_1	s_0	s_0
u_{12}	$s_{1.5}$	$s_{1.5}$	$s_{1.5}$	s_0	$s_{1.5}$	s_1
u_{13}	$s_{0.5}$	$s_{0.5}$	$s_{1.5}$	$s_{1.5}$	s_0	s_0
u_{14}	s_4	s_1	s_2	s_1	s_1	s_1
u_{15}	s_1	$s_{0.5}$	$s_{0.5}$	s_0	s_0	$s_{0.5}$
u_{16}	s_3	s_1	s_1	s_1	s_0	s_2
u_{17}	s_0	s_6	s_4	$s_{0.5}$	s_0	$s_{0.5}$
u_{18}	s_1	s_3	s_2	s_0	$s_{0.5}$	s_3
u_{19}	s_1	s_1	s_3	s_0	s_0	s_1
u_{20}	s_4	s_1	s_1	s_1	$s_{0.5}$	$s_{0.5}$
u_{21}	$s_{1.5}$	$s_{0.5}$	$s_{1.5}$	$s_{0.5}$	$s_{1.5}$	s_1
u_{22}	$s_{1.5}$	$s_{1.5}$	$s_{1.5}$	$s_{0.5}$	$s_{0.5}$	$s_{0.5}$
u_{23}	s_1	s_0	s_0	s_0	s_0	s_3
u_{24}	s_2	s_2	s_2	s_0	s_1	$s_{0.5}$
u_{25}	s_0	s_2	s_1	s_2	s_2	s_2
u_{26}	s_1	s_0	s_1	s_1	$s_{0.5}$	$s_{3.5}$
u_{27}	s_0	s_1	s_1	s_1	s_0	s_3
u_{28}	s_1	s_1	s_1	s_1	s_2	$s_{0.5}$
u_{29}	s_2	s_2	s_1	s_1	s_0	s_1

表 6.19　专家 2 偏差分量 $D(\tilde{r}_j^+, \tilde{r}_{ij}^{(2)})$

属性	$D(\tilde{r}_j^+, \tilde{r}_{1j}^{(2)})$	$D(\tilde{r}_j^+, \tilde{r}_{2j}^{(2)})$	$D(\tilde{r}_j^+, \tilde{r}_{3j}^{(2)})$	$D(\tilde{r}_j^+, \tilde{r}_{4j}^{(2)})$	$D(\tilde{r}_j^+, \tilde{r}_{5j}^{(2)})$	$D(\tilde{r}_j^+, \tilde{r}_{6j}^{(2)})$
u_1	s_2	s_1	s_1	s_0	s_1	s_1
u_2	s_3	s_0	$s_{0.5}$	s_0	s_0	s_2

续表

属性	$D(\tilde{r}_j^+, \tilde{r}_{1j}^{(2)})$	$D(\tilde{r}_j^+, \tilde{r}_{2j}^{(2)})$	$D(\tilde{r}_j^+, \tilde{r}_{3j}^{(2)})$	$D(\tilde{r}_j^+, \tilde{r}_{4j}^{(2)})$	$D(\tilde{r}_j^+, \tilde{r}_{5j}^{(2)})$	$D(\tilde{r}_j^+, \tilde{r}_{6j}^{(2)})$
u_3	s_0	$s_{1.5}$	$s_{4.5}$	$s_{0.5}$	$s_{0.5}$	$s_{2.5}$
u_4	s_3	s_1	s_0	s_0	s_0	s_3
u_5	$s_{4.5}$	$s_{1.5}$	$s_{0.5}$	$s_{3.5}$	s_1	$s_{3.5}$
u_6	$s_{2.5}$	s_0	$s_{1.5}$	$s_{1.5}$	$s_{0.5}$	$s_{3.5}$
u_7	s_1	s_1	s_1	s_1	s_0	s_2
u_8	$s_{3.5}$	$s_{2.5}$	$s_{0.5}$	s_1	$s_{2.5}$	$s_{1.5}$
u_9	s_2	s_2	s_2	s_2	s_2	s_3
u_{10}	s_0	$s_{2.5}$	$s_{2.5}$	s_0	s_3	s_1
u_{11}	$s_{0.5}$	s_0	s_0	s_0	s_0	s_1
u_{12}	$s_{2.5}$	$s_{1.5}$	$s_{2.5}$	$s_{2.5}$	$s_{1.5}$	$s_{2.5}$
u_{13}	$s_{1.5}$	$s_{1.5}$	$s_{0.5}$	s_0	$s_{0.5}$	$s_{1.5}$
u_{14}	s_3	s_1	s_1	s_0	s_1	$s_{1.5}$
u_{15}	s_1	s_1	s_0	s_0	s_0	$s_{0.5}$
u_{16}	s_2	s_1	$s_{0.5}$	$s_{2.5}$	s_1	$s_{1.5}$
u_{17}	$s_{0.5}$	s_5	$s_{3.5}$	$s_{0.5}$	s_1	s_1
u_{18}	s_2	s_3	s_3	s_1	s_0	s_2
u_{19}	s_2	s_1	s_3	s_1	s_0	s_1
u_{20}	s_4	$s_{0.5}$	s_0	$s_{0.5}$	s_1	$s_{1.5}$
u_{21}	s_2	$s_{0.5}$	$s_{0.5}$	s_0	s_1	s_1
u_{22}	$s_{2.5}$	$s_{1.5}$	$s_{1.5}$	s_0	$s_{1.5}$	$s_{1.5}$
u_{23}	s_1	s_0	s_0	s_0	s_1	s_2
u_{24}	s_2	s_1	s_1	$s_{0.5}$	s_2	$s_{0.5}$
u_{25}	s_0	s_2	s_2	s_2	s_3	s_3
u_{26}	s_1	s_2	s_2	s_1	s_1	s_2
u_{27}	s_0	$s_{0.5}$	s_0	s_0	s_0	s_3
u_{28}	s_2	s_2	$s_{1.5}$	$s_{0.5}$	s_1	s_1
u_{29}	s_2	s_0	$s_{0.5}$	s_0	s_0	s_1

表 6.20 专家 3 偏差分量 $D(\tilde{r}_j^+, \tilde{r}_{ij}^{(3)})$

属性	$D(\tilde{r}_j^+, \tilde{r}_{1j}^{(3)})$	$D(\tilde{r}_j^+, \tilde{r}_{2j}^{(3)})$	$D(\tilde{r}_j^+, \tilde{r}_{3j}^{(3)})$	$D(\tilde{r}_j^+, \tilde{r}_{4j}^{(3)})$	$D(\tilde{r}_j^+, \tilde{r}_{5j}^{(3)})$	$D(\tilde{r}_j^+, \tilde{r}_{6j}^{(3)})$
u_1	s_3	s_0	s_1	s_0	s_0	s_2
u_2	s_3	s_0	s_1	s_0	s_0	s_1
u_3	$s_{0.5}$	$s_{1.5}$	$s_{3.5}$	$s_{1.5}$	$s_{0.5}$	$s_{1.5}$
u_4	s_2	s_1	s_1	$s_{0.5}$	s_1	s_1

续表

属性	$D(\tilde{r}_j^+, \tilde{r}_{1j}^{(3)})$	$D(\tilde{r}_j^+, \tilde{r}_{2j}^{(3)})$	$D(\tilde{r}_j^+, \tilde{r}_{3j}^{(3)})$	$D(\tilde{r}_j^+, \tilde{r}_{4j}^{(3)})$	$D(\tilde{r}_j^+, \tilde{r}_{5j}^{(3)})$	$D(\tilde{r}_j^+, \tilde{r}_{6j}^{(3)})$
u_5	$s_{4.5}$	$s_{1.5}$	$s_{1.5}$	$s_{1.5}$	$s_{1.5}$	$s_{2.5}$
u_6	$s_{2.5}$	$s_{0.5}$	$s_{2.5}$	$s_{1.5}$	$s_{0.5}$	$s_{3.5}$
u_7	s_0	s_1	s_2	s_0	s_0	s_2
u_8	$s_{3.5}$	$s_{1.5}$	$s_{2.5}$	s_1	$s_{1.5}$	$s_{3.5}$
u_9	s_2	s_1	s_1	s_2	$s_{2.5}$	$s_{2.5}$
u_{10}	s_0	s_1	s_1	s_0	s_2	s_0
u_{11}	s_2	s_0	s_0	s_0	s_1	s_0
u_{12}	$s_{1.5}$	$s_{1.5}$	$s_{2.5}$	$s_{0.5}$	$s_{0.5}$	$s_{1.5}$
u_{13}	$s_{1.5}$	$s_{1.5}$	$s_{1.5}$	s_1	$s_{0.5}$	s_1
u_{14}	s_3	$s_{1.5}$	s_2	s_1	s_1	s_2
u_{15}	s_1	s_1	s_1	$s_{0.5}$	s_1	s_1
u_{16}	s_3	s_2	s_2	s_2	s_1	s_2
u_{17}	s_1	s_6	s_4	$s_{0.5}$	s_1	$s_{0.5}$
u_{18}	s_2	s_3	s_2	s_1	s_3	$s_{2.5}$
u_{19}	s_1	s_1	s_3	s_1	s_1	s_1
u_{20}	s_4	s_7	s_2	$s_{0.5}$	s_1	s_0
u_{21}	$s_{2.5}$	$s_{1.5}$	$s_{1.5}$	$s_{1.5}$	$s_{1.5}$	$s_{0.5}$
u_{22}	$s_{1.5}$	$s_{2.5}$	$s_{1.5}$	$s_{1.5}$	$s_{2.5}$	$s_{1.5}$
u_{23}	s_2	s_1	s_1	s_1	s_2	s_3
u_{24}	s_3	s_2	s_3	s_2	s_2	s_0
u_{25}	s_1	s_0	s_1	s_1	s_1	s_2
u_{26}	s_2	s_1	s_2	s_1	s_2	s_2
u_{27}	s_1	s_2	s_1	$s_{0.5}$	s_2	$s_{2.5}$
u_{28}	s_1	s_1	s_0	s_0	s_2	s_1
u_{29}	s_3	s_1	s_2	$s_{1.5}$	s_3	s_1

步骤 4：根据式（5-8）计算三位决策者与六个工程总承包二级模式正理想点之间的偏差[68]。例如，第一位专家与第一个工程总承包二级模式正理想点之间的偏差计算如下：

$$D(\tilde{x}^+, \tilde{x}_1^{(1)}) = \omega_1 D(\tilde{r}_1^+, \tilde{r}_{11}) \oplus \omega_2 D(\tilde{r}_2^+, \tilde{r}_{12}) \oplus \cdots \oplus \omega_{31} D(\tilde{r}_{31}^+, \tilde{r}_{131})$$

$$= 0.043s_3 \oplus 0.0396s_3 \oplus 0.0298s_{0.5} \oplus 0.0231s_3 \oplus 0.0274s_{4.5} \oplus 0.0406s_{3.5} \oplus$$
$$0.0268s_0 \oplus 0.038s_{3.5} \oplus 0.0361s_3 \oplus 0.0336s_0 \oplus 0.0106s_1 \oplus 0.013s_{1.5} \oplus$$
$$0.0386s_{0.5} \oplus 0.0534s_4 \oplus 0.0298s_1 \oplus 0.0518s_3 \oplus 0.0304s_0 \oplus 0.0417s_1 \oplus$$
$$0.0374s_1 \oplus 0.0245s_4 \oplus 0.0554s_{1.5} \oplus 0.0554s_{1.5} \oplus 0.0266s_1 \oplus 0.0133s_2 \oplus$$

$$0.0413s_0 \oplus 0.0567s_1 \oplus 0.0439s_0 \oplus 0.0138s_1 \oplus 0.0243s_2$$

$$= s_{1.8025}$$

其中，$\omega = (\omega_1, \omega_2, \cdots, \omega_m)$ 为属性的权重向量。

同理得三位决策者与六个工程总承包二级模式正理想点之间的偏差如下：

$$D(\tilde{x}^+, \tilde{x}_1^{(1)}) = 1.8025 \quad D(\tilde{x}^+, \tilde{x}_2^{(1)}) = 1.1130 \quad D(\tilde{x}^+, \tilde{x}_3^{(1)}) = 1.3947$$

$$D(\tilde{x}^+, \tilde{x}_4^{(1)}) = 0.6523 \quad D(\tilde{x}^+, \tilde{x}_5^{(1)}) = 0.9318 \quad D(\tilde{x}^+, \tilde{x}_6^{(1)}) = 1.5780$$

$$D(\tilde{x}^+, \tilde{x}_1^{(2)}) = 1.8270 \quad D(\tilde{x}^+, \tilde{x}_2^{(2)}) = 1.3387 \quad D(\tilde{x}^+, \tilde{x}_3^{(2)}) = 1.3013$$

$$D(\tilde{x}^+, \tilde{x}_4^{(2)}) = 0.7301 \quad D(\tilde{x}^+, \tilde{x}_5^{(2)}) = 0.9586 \quad D(\tilde{x}^+, \tilde{x}_6^{(2)}) = 1.8236$$

$$D(\tilde{x}^+, \tilde{x}_1^{(3)}) = 2.0320 \quad D(\tilde{x}^+, \tilde{x}_2^{(3)}) = 1.4250 \quad D(\tilde{x}^+, \tilde{x}_3^{(3)}) = 1.7480$$

$$D(\tilde{x}^+, \tilde{x}_4^{(3)}) = 0.9680 \quad D(\tilde{x}^+, \tilde{x}_5^{(3)}) = 1.3880 \quad D(\tilde{x}^+, \tilde{x}_6^{(3)}) = 1.6705$$

步骤 5：利用 LHA 算子计算三位决策者的集结偏差［假设 LHA 算子的加权向量为（0.4, 0.3, 0.3）］，已知决策者的权重向量 $\lambda_k = (0.34, 0.33, 0.33)$，决策者的人数 $t = 3$，利用 λ, t 以及决策者偏差，求解 $t\lambda_k D(\tilde{x}^+, \tilde{x}_i^{(k)})$（$i = 1, 2, 3, 4, 5, 6, k = 1, 2, 3$）。

$$3\lambda_1 D(\tilde{x}^+, \tilde{x}_1^{(1)}) = 1.8386 \quad 3\lambda_1 D(\tilde{x}^+, \tilde{x}_2^{(1)}) = 1.1353 \quad 3\lambda_1 D(\tilde{x}^+, \tilde{x}_3^{(1)}) = 1.4226$$

$$3\lambda_1 D(\tilde{x}^+, \tilde{x}_4^{(1)}) = 0.6653 \quad 3\lambda_1 D(\tilde{x}^+, \tilde{x}_5^{(1)}) = 0.9504 \quad 3\lambda_1 D(\tilde{x}^+, \tilde{x}_6^{(1)}) = 1.6096$$

$$3\lambda_2 D(\tilde{x}^+, \tilde{x}_1^{(2)}) = 1.8087 \quad 3\lambda_2 D(\tilde{x}^+, \tilde{x}_2^{(2)}) = 1.3253 \quad 3\lambda_2 D(\tilde{x}^+, \tilde{x}_3^{(2)}) = 1.2883$$

$$3\lambda_2 D(\tilde{x}^+, \tilde{x}_4^{(2)}) = 0.7228 \quad 3\lambda_2 D(\tilde{x}^+, \tilde{x}_5^{(2)}) = 0.9490 \quad 3\lambda_2 D(\tilde{x}^+, \tilde{x}_6^{(2)}) = 1.8054$$

$$3\lambda_3 D(\tilde{x}^+, \tilde{x}_1^{(3)}) = 2.0117 \quad 3\lambda_3 D(\tilde{x}^+, \tilde{x}_2^{(3)}) = 1.4108 \quad 3\lambda_3 D(\tilde{x}^+, \tilde{x}_3^{(3)}) = 1.7305$$

$$3\lambda_3 D(\tilde{x}^+, \tilde{x}_4^{(3)}) = 0.9583 \quad 3\lambda_3 D(\tilde{x}^+, \tilde{x}_5^{(3)}) = 1.3741 \quad 3\lambda_3 D(\tilde{x}^+, \tilde{x}_6^{(3)}) = 1.6538$$

然后求得方案 x_i 和方案正理想点之间的群体偏差（表 6.21）：

$$D(\tilde{x}^+, \tilde{x}_1) = 0.4 \times s_{1.8386} \oplus 0.3 \times s_{1.8087} \oplus 0.3 \times s_{2.0117} = s_{1.8816}$$

$$D(\tilde{x}^+, \tilde{x}_2) = 0.4 \times s_{1.1353} \oplus 0.3 \times s_{1.3253} \oplus 0.3 \times s_{1.4108} = s_{1.2750}$$

$$D(\tilde{x}^+, \tilde{x}_3) = 0.4 \times s_{1.4226} \oplus 0.3 \times s_{1.2883} \oplus 0.3 \times s_{1.7305} = s_{1.4747}$$

$$D(\tilde{x}^+, \tilde{x}_4) = 0.4 \times s_{0.6653} \oplus 0.3 \times s_{0.7228} \oplus 0.3 \times s_{0.9583} = s_{0.7705}$$

$$D(\tilde{x}^+, \tilde{x}_5) = 0.4 \times s_{0.9504} \oplus 0.3 \times s_{0.9490} \oplus 0.3 \times s_{1.3741} = s_{1.0771}$$

$$D(\tilde{x}^+, \tilde{x}_6) = 0.4 \times s_{1.6096} \oplus 0.3 \times s_{1.8054} \oplus 0.3 \times s_{1.6538} = s_{1.6816}$$

表 6.21　备选方案群体偏差值表

方案	备选方案	群体偏差值
x_1	PC	1.8816
x_2	DB	1.2750
x_3	EP + C	1.4747
x_4	E + PC	0.7705
x_5	E + P + C	1.0771
x_6	EPCm	1.6816

步骤 6：利用 $D(\tilde{x}^+,\tilde{x}_i)$ 值对方案排序优选，群体偏差值越小，方案 x_i 越合适。$x_1>x_6>x_3>x_2>x_5>x_4$，故最优方案是 x_4，即选择 E + PC 模式。

6.5　模型决策结果与项目实际情况分析

本书已经选取了某村田园综合体项目作为目标案例，并利用案例推理模型初步判断选用哪一类工程管理模式，再运用不确定多属性决策模型选择合适的工程管理二级模式。根据"三步走"工程项目管理模式选择模型最终得到的结果与项目建设过程中实际采用的工程管理模式进行比较，得出最优的项目管理模式都是工程总承包模式下的 E + PC 模式（表 6.22），印证了选择模型的可靠性和选择结果的正确性。

表 6.22　两种模型最优方案表

模型	结果排序	最优方案
案例推理模型（一级模式）	EPC＞PPP＞DBB	EPC
多属性决策模型（二级模式）偏差分量	PC＞EPCm＞EP + C＞DB＞E + P + C＞E + PC	E + PC
项目实际采用工程管理模式		E + PC

对某村田园综合体新建项目进行分析，具体如下。

首先，该田园综合体新建项目从建设内容上看，项目类型是民宿、农业、文旅加基础设施的混合项目，项目内容所涉范围广，不仅包含基础设施项目、农宅改造，还包含文化、旅游等产业项目，项目类型的多样性决定了需要承建方负责该项目的整体建设与运营，传统的平行发包工程管理模式明显不适用。该项目受美丽乡村建设政策的支持，田园综合体项目主要是为了回归乡村的自然状态且融合当地的特色产业、旅游业，对项目绿色环保的要求更高，是实现绿色宜居目标的一种可持续发展模式。

其次，EPC 模式已在我国政府投资项目、市政项目等领域推广运用并且积累了一定的经验，田园综合体通过 E + PC 模式进行建设，设计单位可以在项目建设初期尽可能根据村庄的整体情况进行统筹规划，保证项目绿色、环保、自然的可持续发展品质，施工单位也是管理能力较强、具备同类工程经验，与业主有足够的信任沟通关系，有利于降低田园综合体建设过程中的各种风险，提高田园综合体建设的效果。

最后，目前国家政策法规大力推行工程总承包模式，田园综合体的试点项目也是国家实施乡村振兴战略倡导的一种可持续发展模式，具有可复制的示范推广意义，该项目符合纳入案例库的条件。

　　综合分析，该田园综合体项目业主是地方政府，该项目属于中型项目，受美丽乡村建设以及多规合一政策的支持；项目整体设计难度大，绿色环保要求高，村民、村级组织、建造企业等多主体协调难度高；项目工期紧，投资和质量控制要求高，因此特别适宜采用 EPC 模式中的二级模式 E + PC 模式进行运作。对该项目后期跟踪后发现，实际项目工程管理模式也是选用的 E + PC 模式，印证了理论模型的正确性。

6.6　本 章 小 结

　　本章选用某村田园综合体项目进行分析。首先对该项目的工程特征进行分析，并从案例库中筛选出田园综合体项目作为源案例，构建子案例库。其次，运用因子分析法对各指标进行权重判定。最后，建立"三步走"工程项目管理模式选择模型，第一步通过常识和惯例初步判断项目工程管理模式的选择范围；第二步运用较为客观的案例推理方法，对田园综合体项目进行一级模式的选择，对目标案例工程项目管理一级模式进行匹配，运用最邻近算法计算出全局相似度，选择出超出阈值最高的相似源案例，确定本项目适用的是工程总承包工程管理模式；第三步对应 EPC 工程总承包模式选择 EPC 二级模式，由于案例库的案例较少以及二级模式被笼统用作一级模式的现状，本书采用正理想点与 LHA 算子结合的决策模型，算出偏差分量，偏差量最小的方案即最优方案，结果是 E + PC 模式。

第7章 现代农业产业项目案例实证分析

现代农业产业园项目是积极响应国家乡村振兴战略号召的产物，代表着注重农业全产业链可持续发展的全新模式。本书选择尚处于投资决策阶段的某村新建现代农业产业园项目作为目标案例，对该项目进行工程项目管理模式的优选。根据本书第5章构建的绿色宜居村镇建设项目工程管理模式优选模型，进行工程管理模式优选。

7.1 某现代农业产业园新建项目特征分析

7.1.1 某村现代农业产业园项目概况

现代农业产业园项目的目标案例是陕西省某村现代农业产业园新建项目（详见表 7.1）。该项目具有以下特点：一是区位优势明显，该村距离市中心1.5 小时车程，并且该县计划撤县设区，全面融入市区两小时经济圈；二是该地区属大陆性半干旱季风气候，位于高原峡谷地带，昼夜温差大，日照时间长，光热资源丰富，适宜种植枣树；三是国家政策扶持，在国家全面推进乡村振兴政策支持下，现代农业产业蓬勃兴起，具有带动当地经济增长的良好前景。

表 7.1　案例概况表

项目	内容
项目名称	某村现代农业产业园新建项目
项目类型	产业项目
业主类型	政府＋股份制龙头企业＋村集体+农户
项目总投资	123 000 万元
项目规模	546 667 000m²
主要建设内容	建设供水供电、冷库储存、灌溉种植、办公区域等基础设施及产业设施

7.1.2　工程特征分析

1. 项目特征

项目投资 123 000 万元,属于大型工程项目。因建设项目涉及范围较广,基于"绿色宜居、以人为本"的原则,业主在项目设计时充分考虑了当地的自然生态和社会环境,尽可能地减少对原有枣园形态的破坏,并由专业农林公司进行管理经营,较好地解决了当地的经济发展状况和人才流失严重两大社会问题。由于项目投资额度较高,项目风险由业主和承包商双方共同承担。

2. 业主特征及目标

业主类型是镇政府+股份制龙头企业+村集体+农户。镇政府有相应专业管理人员,也管理过类似项目,具有一定的经验。该项目属于绿色农业建设项目,坚持"尊重保护自然"的原则,对环境的污染较小,且对节水、节地、节材、节能以及保护环境极为有利。龙头企业对控制成本的要求较高,镇政府对工程质量、工期要求较高,村民及村集体的参与意愿强烈。

3. 外部环境

项目受村镇规划以及美丽乡村政策要求的影响,最大限度地保持原生枣园的自然形态,实现项目的可持续发展。该项目将农业产业发展与农民致富增收、生活改善紧密结合起来,助力绿色宜居村镇建设。项目所处的经济环境水平是第三类。当地的承包商管理能力处于中等水平。镇政府有相应的部门负责项目的监管。

7.2　指标权重确定

项目特征指标权重同 6.2 节结果,见表 7.2。

表 7.2　指标权重表

目标层	一级指标 A_{ij}	二级指标 B_{ij}	ω_{ij}
绿色宜居村镇建设项目管理模式选择指标体系	政治环境 0.1374	E1 国家政策的影响	0.0554
		E2 村镇规划的影响	0.0554
		E3 绿色、环保要求	0.0266
	社会环境 0.1934	E4 村民参与程度	0.0413
		E5 地方政府监管责任	0.0567

目标层	一级指标 A_{ij}	二级指标 B_{ij}	ω_{ij}
绿色宜居村镇建设项目管理模式选择指标体系	社会环境 0.1934	E6 绿色环保信息有效传递	0.0439
		E7 承包商的技术管理能力	0.0243
		E8 当地的经济水平	0.0133
		E9 金融市场的稳定程度	0.0138
	项目信息 0.1630	P1 项目类型	0.0430
		P2 项目规模	0.0396
		P5 设计考虑村民的生活习惯	0.0298
		P6 施工要求节能、经济实用	0.0231
		P7 项目风险	0.0274
	业主能力 0.1987	O1 业主类型	0.0406
		O2 业主的人力资源	0.0268
		O3 业主的财务状况	0.0380
		O4 业主的经验	0.0361
		O5 业主的管理能力	0.0336
		P3 投资额度	0.0106
		P4 资金主要来源方式	0.0130
	业主目标要求 0.1736	O6 对质量的要求	0.0386
		O7 对按时完工的要求	0.0534
		O8 对控制成本的要求	0.0298
		O9 对绿色健康安全的要求	0.0518
	业主偏好 0.1339	O10 业主的参与意愿	0.0304
		O11 允许变更的程度	0.0417
		O12 承担风险的意愿	0.0374
		O13 对项目参与方的信任	0.0245

7.3 工程项目管理一级模式的选择

7.3.1 案例的检索与子案例库的构建

对目标现代农业产业园新建项目进行检索，确定现代农业产业项目的子案例库，基于已构建的案例库以及案例特征的确定，对源案例的案例特征进行符号化的表示，主要分为二值型、数值型、模糊逻辑型以及模糊文本型四大类，通过这四类计算方法得到局部相似度，最后根据最邻近算法确定项目的全局相似度。

1. 案例检索

通过 3.2 节可知，田园综合体项目、现代农业产业项目、村镇文旅项目、村镇医疗项目以及村镇改厕项目几乎没有政策鼓励或优先采用的工程项目管理模式。因此，本章选择现代农业产业项目作为实证对象进行工程项目管理模式选择。通过对初案例库的筛选，本章找出了五个成功的农业产业项目。具体检索图见图 7.1。

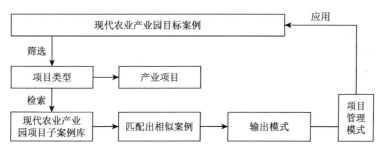

图 7.1　现代农业产业项目案例检索图

2. 现代农业产业园子案例库的构建

通过对项目类型进行筛选后构建现代农业产业园子案例库（图 7.2），筛选出的现代农业产业园项目作为源案例，将陕西省某村新建现代农业产业园项目作为目标案例，进行案例匹配。

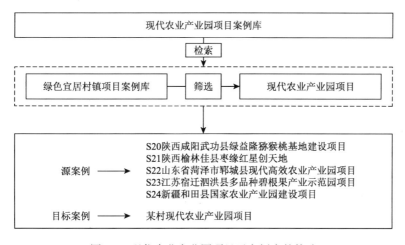

图 7.2　现代农业产业园项目子案例库的构建

7.3.2　案例推理模型构建

1. 目标案例与源案例局部相似度计算

选取其中的一个源案例进行详细描述（表 7.3），其他同理可得。根据 5.3 节的案例特征表示，采用二值型的案例特征包括业主类型、业主的人力资源、业主的经验、业主的管理能力、业主的财务状况、对质量的要求等；采用数值型的案例特征包括投资额度、项目规模、工期以及金融市场的稳定程度；采用模糊逻辑型的案例特征包括当地的经济水平、对控制成本的要求、业主的参与意愿、是否愿意承担风险以及承包商的技术管理能力；采用模糊文本相似度算法的案例特征是项目风险。5 个源案例特征信息见表 7.4。基于式（5-1）～式（5-4），计算出陕西省某村现代农业产业园新建项目与源案例的局部相似度（表 7.5）。

表 7.3　目标案例与源案例 S20 的属性相似度计算结果

案例特征	指标填选及单位	目标案例	源案例 S20	相似度
项目是否受国家政策影响	是/否	是	是	1
是否有村镇规划并符合要求	是/否	是	是	1
是否有绿色、环保要求	是/否	是	是	1
村民是否愿意参与	是/否	是	是	1
地方政府监管责任是否落实	是/否	是	是	1
绿色环保信息是否有效传递	是/否	是	是	1
承包商是否有足够的技术管理能力	一级/二级/三级	三级	三级	1
当地的经济水平（省域）	一类/二类/三类/四类	三类	三类	1
金融市场是否稳定	村镇银行营业厅的数量/个	1	2	1
项目类型	1＝基础设施项目/2＝公共服务配套/3＝产业项目/4＝特色小镇/5＝田园综合体/6＝环境整治工程/7＝搬迁安置工程/8＝村民自建房/危房改造	产业项目	产业项目	1
项目规模	m²	54 666.7	120	0.002 2
设计是否考虑村民的生活习惯	是/否	是	是	1
施工是否要求节能、经济实用	是/否	是	是	1

续表

案例特征	指标填选及单位	目标案例	源案例 S20	相似度
项目当地条件是否有风险	文字描述	峡谷地带，地势起伏大，建设区域气候适宜，温差大，土壤可耕性好，大部分适宜项目建设	地势较平坦，建设区域气候适宜，土壤肥沃可耕性好，大部分适宜项目建设	0.741 3
业主类型	1＝政府/2＝社会方/3＝村集体/4＝村民	社会方	政府	0
业主的人力资源是否丰富	是/否	否	否	1
业主是否有充足的资金	是/否	否	是	0
业主是否有经验	是/否	是	否	0
业主是否具备管理能力	是/否	是	是	1
投资额度	万元（人民币）	123 000	7 000	0.079 4
资金主要来源方式	1＝政府投资/2＝社会资本方投资/3＝村集体投资/4＝村民自筹	社会资本方	社会资本方	1
项目是否保质量完成	是/否	是	是	1
工期	d	270	180	1
对控制成本的要求	1＝好/2＝合理/3＝差	合理	合理	1
项目是否有绿色健康安全的要求	是/否	是	是	1
业主是否愿意参与	1＝全过程参与/2＝适度参与/3＝较少参与	全过程参与	全过程参与	1
是否允许项目变更	是/否	否	否	1
是否愿意承担风险	1＝双方承担/2＝主要由承包商承担/3＝依据自身职能合理划分风险[99]	双方承担	双方承担	1
对项目参与方是否信任	是/否	是	是	1

表 7.4　5 个源案例特征属性相似度信息系统

二级指标	S20	S21	S22	S23	S24
E1 国家政策的影响	1	1	1	1	1
E2 村镇规划的影响	1	1	1	1	1
E3 绿色、环保要求	1	1	1	1	1
E4 村民参与程度	1	1	1	1	1
E5 地方政府监管责任	1	1	1	1	1

续表

二级指标	S20	S21	S22	S23	S24
E6 绿色环保信息有效传递	1	1	1	1	1
E7 承包商的技术管理能力	1	1	1	1	1
E8 当地的经济水平	1	1	0	0	1
E9 金融市场的稳定程度	1	0.8333	0.1667	0.5	0.3333
P1 项目类型	1	1	1	1	1
P2 项目规模	0.0022	0.0188	0.0141	0.0080	0.0004
P5 设计考虑村民的生活习惯	1	1	1	1	1
P6 施工要求节能、经济实用	1	1	1	1	1
P7 项目风险	0.7413	0.3922	0.4226	0.5670	0.5916
O1 业主类型	0	1	1	1	0
O2 业主的人力资源	1	1	1	0	1
O3 业主的财务状况	0	1	0	1	0
O4 业主的经验	0	1	1	1	0
O5 业主的管理能力	1	1	1	1	1
P3 投资额度	0.0794	0.0879	1.0388	0.4756	0.8649
P4 资金主要来源方式	1	1	1	1	0
O6 对质量的要求	1	1	1	1	1
O7 对按时完工的要求	1	1	1	1	1
O8 对控制成本的要求	1	1	0.6667	0.6667	0.6667
O9 对绿色健康安全的要求	1	1	1	1	1
O10 业主的参与意愿	1	1	0.3333	0.3333	0.6667
O11 允许变更的程度	1	1	1	0	0
O12 承担风险的意愿	1	1	0.3333	0.3333	0.6667
O13 对项目参与方的信任	1	1	1	1	1

表 7.5 案例属性特征局部相似度加权值

二级指标	S20	S21	S22	S23	S24
E1 国家政策的影响	0.0554	0.0554	0.0554	0.0554	0.0554
E2 村镇规划的影响	0.0554	0.0554	0.0554	0.0554	0.0554
E3 绿色、环保要求	0.0266	0.0266	0.0266	0.0266	0.0266
E4 村民参与程度	0.0413	0.0413	0.0413	0.0413	0.0413
E5 地方政府监管责任	0.0567	0.0567	0.0567	0.0567	0.0567

续表

二级指标	S20	S21	S22	S23	S24
E6 绿色环保信息有效传递	0.0439	0.0439	0.0439	0.0439	0.0439
E7 承包商的技术管理能力	0.0243	0.0243	0.0243	0.0243	0.0243
E8 当地的经济水平	0.0133	0.0133	0	0	0.0133
E9 金融市场的稳定程度	0.0138	0.0115	0.0023	0.0069	0.0046
P1 项目类型	0.0430	0.0430	0.0430	0.0430	0.0430
P2 项目规模	0.0001	0.0007	0.0006	0.0003	0
P5 设计考虑村民的生活习惯	0.0298	0.0298	0.0298	0.0298	0.0298
P6 施工要求节能、经济实用	0.0231	0.0231	0.0231	0.0231	0.0231
P7 项目风险	0.0203	0.0107	0.0116	0.0155	0.0162
O1 业主类型	0	0.0406	0.0406	0.0406	0
O2 业主的人力资源	0.0268	0.0268	0.0268	0	0
O3 业主的财务状况	0	0.0380	0	0.0380	0
O4 业主的经验	0	0.0361	0.0361	0.0361	0
O5 业主的管理能力	0.0336	0.0336	0.0336	0.0336	0.0336
P3 投资额度	0.0008	0.0009	0.0110	0.0050	0.0092
P4 资金主要来源方式	0.0130	0.0130	0.0130	0.0130	0
O6 对质量的要求	0.0386	0.0386	0.0386	0.0386	0.0386
O7 对按时完工的要求	0.0534	0.0534	0.0534	0.0534	0.0534
O8 对控制成本的要求	0.0298	0.0298	0.0199	0.0199	0.0199
O9 对绿色健康安全的要求	0.0518	0.0518	0.0518	0.0518	0.0518
O10 业主的参与意愿	0.0304	0.0304	0.0101	0.0101	0.0203
O11 允许变更的程度	0.0417	0.0417	0.0417	0	0
O12 承担风险的意愿	0.0374	0.0374	0.0125	0.0125	0.0249
O13 对项目参与方的信任	0.0245	0.0245	0.0245	0.0245	0.0245
相似度加权和	0.8288	0.9323	0.8276	0.7993	0.7366

2. 全局相似度计算

基于式（5-5），计算出陕西省某村现代农业产业园新建项目与源案例的全局相似度（表 7.6）。

表 7.6　案例属性特征全局相似度

源案例	项目管理模式	全局相似度
S20 陕西咸阳武功县绿益隆猕猴桃基地建设项目	DBB	82.88%
S21 陕西榆林佳县枣缘红星创天地	DBB	93.23%
S22 山东省菏泽市郓城县现代高效农业产业园项目	PPP	82.75%
S23 江苏宿迁泗洪县多品种碧根果产业示范园项目	PPP	79.93%
S24 新疆和田县国家农业产业园建设项目	EPC	73.66%

7.4　本章小结

根据以上结果对比可知，全局相似度在 80% 以上且最高的是 S21 项目案例，因此该现代农业产业园项目应采用 DBB 模式。由于 DBB 模式在目前的学术界并没有进行二级模式细分，因此只能做一级模式选择分析。

本实证分析中的案例大多来源于西部地区，经济相对落后，且村镇中人才流失严重，空心化现象较为普遍，因此，在工程管理模式的选择上会受到资金、人才流失、思想观念、管理水平等诸多因素的制约。

第8章 村镇文旅项目案例实证分析

文旅项目是在落实新发展理念、推动高质量发展的大背景下，创造出的集文化传承、遗址保护、休闲旅游和民宿康养为一体的创意产业，具有成长性高、带动性强、绿色可持续等优势。本章选择某乡 2020 年建成的文旅项目作为目标案例，利用当初的项目决策资料进行项目工程管理模式优选。由于案例库中文旅项目的工程管理模式均已明确其二级模式，因此本章文旅建设项目工程管理模式选择采用调整的"三步走"决策模型。第一步是初步确定建设工程管理模式的搜索范围。第二步构建案例匹配模型，利用案例推理的相似度算法进行项目工程管理模式选择，达到相似度阈值后输出结果，得到项目工程管理一级模式及二级模式。第三步用不确定多属性决策模型得到的优选方案来验证目标案例，再将案例推理的结果与目标案例的实际情况进行对比。

8.1 某文旅新建项目特征分析

8.1.1 某乡文旅项目概况

本章选择的目标案例是江苏省某乡文旅产业示范基地项目（表 8.1）。该项目具有三大特点，一是地理位置优越，地处四县交界，距离县城 15 公里，仅需半小时车程，区位优势明显；二是旅游资源丰富，拥有厚重的历史文化资源、独特的人文景观资源和秀丽的自然风光资源，可发展全域旅游；三是国家政策扶持，2020 年国家加大文旅项目建设扶持力度，并加快推进其高质量发展。

表 8.1 案例概况表

项目	内容
项目名称	某乡产业示范基地项目
项目类型	文旅项目
业主类型	企业投资主体（国有独资企业）
项目总投资	17 500 万元
项目规模	1 000 000m²
主要建设内容	萌宠乐园、自然研学营地、智能化系统、围墙等

8.1.2 项目特征分析

1. 项目特征

项目整体保持自然生态本色,充分挖掘传统文化内涵,致力于打造一站式综合型度假景区,在规划设计时依托历史资源本底,强调将生态和文化融入项目,还原当地传统建筑特色,让建筑体现出最朴实悠然的文化自信。项目投资额度约是 17 500 万元,属于大型建设项目。项目类型是文旅项目,项目内容所涉范围广。施工时考虑节能经济目标,提取以灰瓦为主的传统材质元素,并搭配生态景观绿植,构建景区建筑主要材质基调。

2. 业主特征及目标

该项目业主类型是当地农旅集团,项目资金来源于企业自筹。业主致力于打造全景创意果林游憩空间,并拓展增量成为全季、全时、全民共享的集文创市集、夜景秀、户外拓展乐园、自然研学营地等游玩内容为一体的综合度假区。业主主营农旅项目,具有一定的经验。同时,该文旅项目处于国家乡村振兴政策下支持发展新风口,在绿色宜居村镇建设项目的建设过程中,对项目安全、宜居、健康、环保的要求极为严格,因而项目业主参与激情高涨,对项目的质量、成本以及可持续收益能力的要求很高。

3. 外部环境

项目所处的经济环境是第二类经济发展水平,较为发达。当地的承包商管理能力也较强,也有相应的政府机构专门负责项目的监管。本文旅建设项目紧扣"一带一路"建设和长江经济带发展,发挥重点文旅产业项目压舱石的作用。同时,该项目受国家对乡村振兴、文化旅游项目的政策优惠,符合我国大力扶持发展的第三产业新模式,且与当地的文化保护传承相结合,有利于当地经济的发展升级和结构转型。该项目是将当地文化、旅游业和农业相结合,既实现传统文化的传承,又实现项目的绿色宜居。

8.2 指标权重确定

指标权重 ω_{ij} 同 6.2 节结果,如表 8.2 所示。

表 8.2　指标权重表

目标层	一级指标 A_{ij}	二级指标 B_{ij}	ω_{ij}
绿色宜居村镇建设项目管理模式选择指标体系	政治环境 0.1374	E1 国家政策的影响	0.0554
		E2 村镇规划的影响	0.0554
		E3 绿色、环保要求	0.0266
	社会环境 0.1934	E4 村民参与程度	0.0413
		E5 地方政府监管责任	0.0567
		E6 绿色环保信息有效传递	0.0439
		E7 承包商的技术管理能力	0.0243
		E8 当地的经济水平	0.0133
		E9 金融市场的稳定程度	0.0138
	项目信息 0.1630	P1 项目类型	0.0430
		P2 项目规模	0.0396
		P5 设计考虑村民的生活习惯	0.0298
		P6 施工要求节能、经济实用	0.0231
		P7 项目风险	0.0274
	业主能力 0.1987	O1 业主类型	0.0406
		O2 业主的人力资源	0.0268
		O3 业主的财务状况	0.0380
		O4 业主的经验	0.0361
		O5 业主的管理能力	0.0336
		P3 投资额度	0.0106
		P4 资金主要来源方式	0.0130
	业主目标要求 0.1736	O6 对质量的要求	0.0386
		O7 对按时完工的要求	0.0534
		O8 对控制成本的要求	0.0298
		O9 对绿色健康安全的要求	0.0518
	业主偏好 0.1339	O10 业主的参与意愿	0.0304
		O11 允许变更的程度	0.0417
		O12 承担风险的意愿	0.0374
		O13 对项目参与方的信任	0.0245

8.3　项目工程管理模式的优选

8.3.1　案例的检索与子案例库的构建

对目标文旅项目进行检索，确定文旅项目的子案例库。基于已构建的案例库以及案例特征的确定，对源案例的案例特征进行符号化的表示，主要分为二值型、数值型、模糊逻辑型以及模糊文本型四大类，通过这四类计算方法得到局部相似度，再根据最邻近算法确定项目的全局相似度。

1. 案例检索

通过 3.2 节可知，田园综合体项目、现代农业产业项目、村镇文旅项目、村镇医疗项目以及村镇改厕项目几乎没有政策鼓励或优先采用的工程项目管理模式。因此，本章选择村镇文旅项目作为实证对象进行建设项目工程管理模式选择。通过对案例库的初步筛选，文旅项目成功源案例有 5 个，具体检索图见图 8.1。

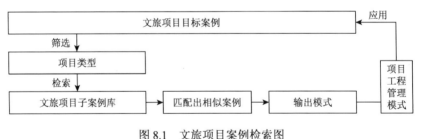

图 8.1　文旅项目案例检索图

2. 文旅项目子案例库的构建

通过对项目类型进行筛选后构建文旅项目子案例库（图 8.2），筛选出的文旅项目作为源案例进行比较，本章是将江苏省某乡文旅项目作为目标案例，进行案例匹配。

8.3.2　案例推理模型构建

1. 目标案例与源案例局部相似度计算

选取其中的一个源案例进行详细描述（表 8.3），其他同理可得。根据 5.3 节

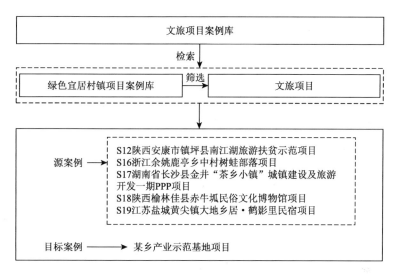

图 8.2　文旅项目子案例库的构建

的案例特征表示，采用二值型的案例特征包括业主类型、业主的人力资源、业主的经验、业主的管理能力、业主的财务状况、对质量的要求等 19 个指标；采用数值型的案例特征是投资额度、项目规模、工期以及金融市场的稳定程度等 4 个指标；采用模糊逻辑型的案例特征是当地的经济水平、对控制成本的要求、业主的参与意愿、是否愿意承担风险以及承包商的技术管理能力等 5 个指标；采用模糊文本相似度算法的是项目风险 1 个指标。5 个源案例特征信息见表 8.4，基于式（5-1）～式（5-4），计算出江苏省某乡产业示范基地项目与源案例的局部相似度（表 8.5）。

表 8.3　目标案例与源案例 S19 的属性相似度计算结果

案例特征	指标填选及单位	目标案例	源案例 S19	相似度
项目是否受国家政策支持	是/否	是	是	1
是否有村镇规划并符合要求	是/否	是	是	1
是否有绿色、环保要求	是/否	是	是	1
村民是否愿意参与	是/否	是	是	1
地方政府监管责任是否落实	是/否	是	是	1
绿色环保信息是否有效传递	是/否	是	是	1
承包商是否有足够的技术管理能力	一级/二级/三级	一级	三级	0.333 4
当地的经济水平（省域）	一类/二类/三类/四类	二类	二类	1
金融市场是否稳定	村镇银行营业厅的数量/个	14	13	0.909 1

续表

案例特征	指标填选及单位	目标案例	源案例 S19	相似度
项目类型	1 = 基础设施项目/2 = 公共服务配套/3 = 产业项目/4 = 特色小镇/5 = 田园综合体/6 = 环境整治工程/7 = 搬迁安置工程/8 = 村民自建房/危房改造	文旅项目	文旅项目	1
项目规模	m^2	1 000 000	74 666.67	0.960 2
设计是否考虑村民的生活习惯	是/否	是	是	1
施工是否要求节能、经济实用	是/否	是	是	1
项目当地条件是否有风险	文字描述	整体保持自然生态本色，充分挖掘、传承传统人文文化，植入与周边市场具有差异化的多元业态，创新提升项目自身的综合吸引力	以湿地世界自然遗产最具特色的元素为主题，结合特色资源，宣扬传承人文文化，增强自身核心竞争力	0.028 5
业主类型	1 = 政府/2 = 社会方/3 = 村集体/4 = 村民	社会方	社会方	1
业主的人力资源是否丰富	是/否	是	是	1
业主是否有充足的资金	是/否	是	否	0
业主是否有经验	是/否	是	是	1
业主是否具备管理能力	是/否	是	是	1
投资额度	万元（人民币）	17 500	4 800	1
资金主要来源方式	1 = 政府投资/2 = 社会资本方投资/3 = 村集体投资/4 = 村民自筹	2	2	1
项目是否保质量完成	是/否	是	是	1
工期	d	150	120	1
对控制成本的要求	1 = 好/2 = 合理/3 = 差	1	1	1
项目是否有绿色健康安全的要求	是/否	是	是	1
业主是否愿意参与	1 = 全过程参与/2 = 适度参与/3 = 较少参与	2	2	1
是否允许项目变更	是/否	否	否	1
是否愿意承担风险	1 = 双方承担/2 = 主要由承包商承担/3 = 依据自身职能合理划分风险[99]	2	2	1
对项目参与方是否信任	是/否	是	是	1

表 8.4　5 个源案例特征属性相似度信息系统

二级指标	S12	S16	S17	S18	S19
E1 国家政策的影响	1	1	1	1	1
E2 村镇规划的影响	1	1	1	1	1
E3 绿色、环保要求	1	1	1	1	1
E4 村民参与程度	1	1	1	1	1
E5 地方政府监管责任	1	1	1	1	1
E6 绿色环保信息有效传递	1	1	1	1	1
E7 承包商的技术管理能力	0.6667	0.3334	1	0.6667	0.3334
E8 当地的经济水平	0.7500	1	1	0.7500	1
E9 金融市场的稳定程度	0.0909	0.0909	0.4545	1	0.9091
P1 项目类型	1	1	1	1	1
P2 项目规模	0	0.9179	1	0.9271	0.9602
P5 设计考虑村民的生活习惯	1	1	1	1	1
P6 施工要求节能、经济实用	1	1	1	1	1
P7 项目风险	0.0102	0.0184	0.0115	0.0152	0.0285
O1 业主类型	0	1	0	0	1
O2 业主的人力资源	1	1	1	0	1
O3 业主的财务状况	0	1	1	1	0
O4 业主的经验	1	1	1	0	1
O5 业主的管理能力	1	1	1	0	1
P3 投资额度	0	0.9545	0.5567	0.9166	1
P4 资金主要来源方式	0	1	0	0	1
O6 对质量的要求	1	1	1	1	1
O7 对按时完工的要求	0.3617	0.8511	0.7872	0	1
O8 对控制成本的要求	0.6667	1	0.6667	0.6667	1
O9 对绿色健康安全的要求	1	1	1	1	1
O10 业主的参与意愿	1	0.6667	1	0.6667	1
O11 允许变更的程度	1	1	0	0	1
O12 承担风险的意愿	0.6667	1	0.6667	0.6667	1
O13 对项目参与方的信任	1	1	1	1	1

表 8.5　目标案例与源案例属性特征局部加权相似度

二级指标	S12	S16	S17	S18	S19
E1 国家政策的影响	0.0554	0.0554	0.0554	0.0554	0.0554
E2 村镇规划的影响	0.0554	0.0554	0.0554	0.0554	0.0554

二级指标	S12	S16	S17	S18	S19
E3 绿色、环保要求	0.0266	0.0266	0.0266	0.0266	0.0266
E4 村民参与程度	0.0413	0.0413	0.0413	0.0413	0.0413
E5 地方政府监管责任	0.0567	0.0567	0.0567	0.0567	0.0567
E6 绿色环保信息有效传递	0.0439	0.0439	0.0439	0.0439	0.0439
E7 承包商的技术管理能力	0.0162	0.0081	0.0243	0.0108	0.0027
E8 当地的经济水平	0.0100	0.0133	0.0133	0.0075	0.0133
E9 金融市场的稳定程度	0.0013	0.0013	0.0063	0.0013	0.0011
P1 项目类型	0.0430	0.0430	0.0430	0.0430	0.0430
P2 项目规模	0.0000	0.0363	0.0396	0.0000	0.0349
P5 设计考虑村民的生活习惯	0.0298	0.0298	0.0298	0.0298	0.0298
P6 施工要求节能、经济实用	0.0231	0.0231	0.0231	0.0231	0.0231
P7 项目风险	0.0003	0.0005	0.0003	0.0000	0
O1 业主类型	0	0.0406	0	0	0.0406
O2 业主的人力资源	0.0268	0.0268	0.0268	0	0.0268
O3 业主的财务状况	0.0000	0.0380	0.0380	0	0
O4 业主的经验	0.0361	0.0361	0.0361	0	0.0361
O5 业主的管理能力	0.0336	0.0336	0.0336	0	0.0336
P3 投资额度	0	0.0101	0.0059	0	0.0101
P4 资金主要来源方式	0	0.0130	0	0	0.0130
O6 对质量的要求	0.0386	0.0386	0.0386	0.0386	0.0386
O7 对按时完工的要求	0.0193	0.0454	0.0420	0	0.0454
O8 对控制成本的要求	0.0199	0.0298	0.0199	0.0132	0.0298
O9 对绿色健康安全的要求	0.0518	0.0518	0.0518	0.0518	0.0518
O10 业主的参与意愿	0.0304	0.0203	0.0304	0.0203	0.0203
O11 允许变更的程度	0.0417	0.0417	0	0	0.0417
O12 承担风险的意愿	0.0249	0.0374	0.0249	0.0166	0.0374
O13 对项目参与方的信任	0.0245	0.0245	0.0245	0.0245	0.0245
相似度加权和	0.7506	0.9224	0.8315	0.5598	0.8769

2. 全局相似度计算

基于式（5-5），计算出江苏省某乡产业示范基地项目与源案例的全局相似度

（表 8.6）。通过计算得出全局相似度在 80% 以上且最高的是 S16 项目案例，因此该文旅项目应采用 EPC + O&M 模式。

表 8.6　案例属性特征全局相似度

源案例	项目工程管理模式（二级模式）	全局相似度
S12 陕西安康市镇坪县南江湖旅游扶贫示范项目	PPP（BOT）	75.06%
S16 浙江余姚鹿亭乡中村树蛙部落项目	EPC（EPC + O&M）	92.24%
S17 湖南省长沙县金井"茶乡小镇"城镇建设及旅游开发一期 PPP 项目	PPP（BOT）	83.15%
S18 陕西榆林佳县赤牛圪民俗文化博物馆项目	DBB	55.98%
S19 江苏盐城黄尖镇大地乡居·鹤影里民宿项目	EPC（EPC + O&M）	87.69%

8.4　不确定多属性模型印证

通过案例推理模型得到适用于目标案例的工程管理模式为 EPC + O&M 模式。为了验证此结果的合理性和适用性，本小节再通过不确定多属性决策模型验证结果是否一致。

8.4.1　决策要素

根据 5.2 节模型假设，确定该决策模型所需数据（表 8.7）。

表 8.7　决策模型具体要素及数据

要素	具体数据
决策备选方案	$x = (x_1, x_2, x_3, x_4, x_5, x_6, x_7)$ 分别代表 x =（PC 模式，DB 模式，EP + C 模式，E + PC 模式，E + P + C 模式，EPCm 模式，EPC + O&M 模式）
决策者的语言标度	$S = (s_5, s_4, s_3, s_2, s_1, s_0, s_{-1}, s_{-2}, s_{-3}, s_{-4}, s_{-5})$ 分别代表 S =（极好，很好，好，较好，稍好，一般，稍差，较差，差，很差，极差）的语言评估值
属性集	$U = (u_1, u_2, \cdots, u_m)$ 分别代表 U =（项目类型，项目规模，设计考虑村民的生活习惯，施工要求节能、经济实用，项目风险，业主类型，业主的人力资源，业主的财务状况，业主的经验，业主的管理能力，投资额度，资金主要来源方式，对质量的要求，对按时完工的要求，对控制成本的要求，对绿色健康安全的要求，业主的参与意愿，允许变更的程度，承担风险的意愿，对项目参与方的信任，国家政策的影响，村镇规划的影响，绿色、环保要求，当地的经济水平，村民参与程度，地方政府监管责任，绿色环保信息有效传递，金融市场的稳定程度，承包商的技术管理能力）
属性权重	$\omega = $（0.0430, 0.0396, 0.0298, 0.0231, 0.0274, 0.0406, 0.0268, 0.038, 0.0361, 0.0336, 0.0106, 0.0130, 0.0386, 0.0534, 0.0298, 0.0518, 0.0304, 0.0417, 0.0374, 0.0245, 0.0554, 0.0554, 0.0266, 0.0133, 0.0413, 0.0567, 0.0439, 0.0138, 0.0243）

8.4.2 不确定多属性决策模型构建

通过 8.1 节对江苏省某乡文旅产业示范基地项目的工程特征进行分析，有助于在了解项目实际情况的基础上进行项目管理二级模式决策。

步骤 1：根据该工程项目管理模式的决策问题，本书聘请三位专家（分别是住房和城乡建设局领导、项目经理以及科研学者），根据语言标度区间值判断该项目更适合哪种项目管理二级模式（见附录 B），分别建立决策判断矩阵（表 8.8～表 8.10）。

表 8.8　专家 1 $\tilde{R}_1$ 决策矩阵

属性	PC	DB	EP+C	E+PC	E+P+C	EPCm	EPC+O&M
u_1	$[s_0, s_1]$	$[s_2, s_3]$	$[s_2, s_3]$	$[s_3, s_4]$	$[s_4, s_5]$	$[s_2, s_3]$	$[s_4, s_5]$
u_2	$[s_1, s_2]$	$[s_2, s_3]$	$[s_2, s_3]$	$[s_3, s_4]$	$[s_3, s_4]$	$[s_2, s_3]$	$[s_3, s_4]$
u_3	$[s_2, s_3]$	$[s_2, s_3]$	$[s_3, s_4]$	$[s_3, s_4]$	$[s_3, s_4]$	$[s_2, s_3]$	$[s_3, s_4]$
u_4	$[s_2, s_3]$	$[s_3, s_4]$	$[s_2, s_3]$	$[s_2, s_3]$	$[s_2, s_3]$	$[s_3, s_4]$	$[s_3, s_4]$
u_5	$[s_0, s_1]$	$[s_2, s_3]$	$[s_3, s_4]$	$[s_2, s_3]$	$[s_4, s_5]$	$[s_3, s_4]$	$[s_4, s_5]$
u_6	$[s_2, s_3]$	$[s_3, s_4]$	$[s_2, s_3]$	$[s_2, s_3]$	$[s_3, s_4]$	$[s_2, s_3]$	$[s_4, s_5]$
u_7	$[s_0, s_1]$	$[s_2, s_3]$	$[s_2, s_3]$	$[s_3, s_4]$	$[s_2, s_3]$	$[s_2, s_3]$	$[s_3, s_4]$
u_8	$[s_{-1}, s_0]$	$[s_2, s_3]$	$[s_1, s_2]$	$[s_2, s_3]$	$[s_3, s_4]$	$[s_{-1}, s_1]$	$[s_4, s_5]$
u_9	$[s_0, s_1]$	$[s_2, s_3]$	$[s_2, s_3]$	$[s_2, s_3]$	$[s_3, s_4]$	$[s_2, s_3]$	$[s_3, s_4]$
u_{10}	$[s_2, s_3]$	$[s_2, s_3]$	$[s_3, s_4]$	$[s_2, s_3]$	$[s_2, s_3]$	$[s_2, s_3]$	$[s_2, s_3]$
u_{11}	$[s_1, s_2]$	$[s_3, s_4]$	$[s_2, s_3]$	$[s_2, s_3]$	$[s_3, s_4]$	$[s_0, s_1]$	$[s_3, s_4]$
u_{12}	$[s_2, s_3]$	$[s_2, s_3]$	$[s_1, s_2]$	$[s_2, s_3]$	$[s_1, s_3]$	$[s_2, s_3]$	$[s_2, s_3]$
u_{13}	$[s_2, s_3]$	$[s_2, s_3]$	$[s_2, s_3]$	$[s_2, s_3]$	$[s_3, s_4]$	$[s_2, s_3]$	$[s_2, s_4]$
u_{14}	$[s_2, s_3]$	$[s_2, s_3]$	$[s_3, s_4]$	$[s_3, s_4]$	$[s_2, s_3]$	$[s_2, s_3]$	$[s_2, s_3]$
u_{15}	$[s_1, s_2]$	$[s_2, s_3]$	$[s_0, s_1]$	$[s_1, s_2]$	$[s_2, s_3]$	$[s_2, s_3]$	$[s_2, s_3]$
u_{16}	$[s_0, s_1]$	$[s_0, s_2]$	$[s_{-1}, s_0]$	$[s_2, s_3]$	$[s_2, s_3]$	$[s_0, s_1]$	$[s_2, s_3]$
u_{17}	$[s_{-2}, s_{-1}]$	$[s_3, s_4]$	$[s_2, s_3]$	$[s_3, s_4]$	$[s_4, s_5]$	$[s_2, s_3]$	$[s_4, s_5]$
u_{18}	$[s_{-1}, s_0]$	$[s_2, s_3]$	$[s_2, s_3]$	$[s_3, s_4]$	$[s_2, s_3]$	$[s_1, s_2]$	$[s_2, s_3]$
u_{19}	$[s_0, s_1]$	$[s_1, s_2]$	$[s_1, s_2]$	$[s_2, s_3]$	$[s_2, s_3]$	$[s_2, s_3]$	$[s_2, s_3]$
u_{20}	$[s_0, s_1]$	$[s_3, s_4]$	$[s_2, s_3]$	$[s_3, s_4]$	$[s_3, s_4]$	$[s_3, s_4]$	$[s_3, s_4]$
u_{21}	$[s_2, s_3]$	$[s_2, s_3]$	$[s_3, s_4]$	$[s_1, s_3]$	$[s_3, s_4]$	$[s_3, s_4]$	$[s_2, s_3]$
u_{22}	$[s_2, s_3]$	$[s_3, s_4]$	$[s_3, s_4]$	$[s_2, s_3]$	$[s_2, s_3]$	$[s_2, s_3]$	$[s_2, s_3]$
u_{23}	$[s_2, s_3]$	$[s_2, s_3]$	$[s_1, s_2]$	$[s_2, s_3]$	$[s_2, s_3]$	$[s_0, s_1]$	$[s_3, s_4]$
u_{24}	$[s_1, s_3]$	$[s_2, s_3]$	$[s_2, s_3]$	$[s_3, s_4]$	$[s_2, s_3]$	$[s_3, s_4]$	$[s_4, s_5]$

续表

属性	PC	DB	EP + C	E + PC	E + P + C	EPCm	EPC + O&M
u_{25}	$[s_{-2}, s_{-1}]$	$[s_{-1}, s_0]$	$[s_0, s_1]$	$[s_0, s_1]$	$[s_1, s_2]$	$[s_1, s_2]$	$[s_2, s_3]$
u_{26}	$[s_0, s_1]$	$[s_3, s_4]$	$[s_{-1}, s_0]$	$[s_2, s_3]$	$[s_2, s_3]$	$[s_0, s_1]$	$[s_2, s_3]$
u_{27}	$[s_1, s_2]$	$[s_2, s_3]$	$[s_2, s_3]$	$[s_2, s_3]$	$[s_3, s_4]$	$[s_0, s_1]$	$[s_2, s_3]$
u_{28}	$[s_1, s_2]$	$[s_2, s_3]$	$[s_2, s_3]$	$[s_1, s_2]$	$[s_2, s_3]$	$[s_0, s_1]$	$[s_2, s_3]$
u_{29}	$[s_2, s_3]$	$[s_2, s_3]$	$[s_3, s_4]$	$[s_2, s_3]$	$[s_3, s_4]$	$[s_4, s_5]$	$[s_3, s_4]$

表 8.9　专家 2 $\tilde{R}_2$ 决策矩阵

属性	PC	DB	EP + C	E + PC	E + P + C	EPCm	EPC + O&M
u_1	$[s_0, s_1]$	$[s_2, s_3]$	$[s_3, s_4]$	$[s_2, s_3]$	$[s_2, s_3]$	$[s_2, s_3]$	$[s_4, s_5]$
u_2	$[s_1, s_2]$	$[s_1, s_2]$	$[s_1, s_2]$	$[s_3, s_4]$	$[s_3, s_4]$	$[s_2, s_3]$	$[s_3, s_4]$
u_3	$[s_2, s_3]$	$[s_2, s_3]$	$[s_3, s_4]$	$[s_2, s_3]$	$[s_2, s_3]$	$[s_2, s_3]$	$[s_4, s_5]$
u_4	$[s_1, s_2]$	$[s_3, s_4]$	$[s_2, s_3]$	$[s_2, s_3]$	$[s_2, s_3]$	$[s_3, s_4]$	$[s_3, s_4]$
u_5	$[s_0, s_1]$	$[s_2, s_3]$	$[s_2, s_3]$	$[s_3, s_4]$	$[s_3, s_4]$	$[s_1, s_2]$	$[s_2, s_4]$
u_6	$[s_1, s_2]$	$[s_3, s_4]$	$[s_2, s_3]$	$[s_2, s_3]$	$[s_3, s_4]$	$[s_2, s_3]$	$[s_3, s_4]$
u_7	$[s_0, s_1]$	$[s_2, s_3]$	$[s_2, s_3]$	$[s_3, s_4]$	$[s_2, s_3]$	$[s_2, s_3]$	$[s_2, s_3]$
u_8	$[s_{-2}, s_{-1}]$	$[s_2, s_3]$	$[s_1, s_2]$	$[s_3, s_4]$	$[s_3, s_4]$	$[s_0, s_1]$	$[s_4, s_5]$
u_9	$[s_0, s_1]$	$[s_2, s_3]$	$[s_3, s_4]$	$[s_2, s_3]$	$[s_4, s_5]$	$[s_2, s_3]$	$[s_2, s_3]$
u_{10}	$[s_2, s_3]$	$[s_2, s_3]$	$[s_2, s_3]$	$[s_2, s_3]$	$[s_2, s_3]$	$[s_2, s_3]$	$[s_2, s_4]$
u_{11}	$[s_1, s_2]$	$[s_2, s_4]$	$[s_2, s_3]$	$[s_2, s_3]$	$[s_3, s_4]$	$[s_{-1}, s_1]$	$[s_3, s_4]$
u_{12}	$[s_2, s_3]$	$[s_1, s_2]$	$[s_0, s_1]$	$[s_1, s_2]$	$[s_2, s_3]$	$[s_2, s_3]$	$[s_3, s_4]$
u_{13}	$[s_0, s_1]$	$[s_2, s_3]$	$[s_2, s_3]$	$[s_2, s_3]$	$[s_2, s_3]$	$[s_2, s_3]$	$[s_3, s_4]$
u_{14}	$[s_2, s_3]$	$[s_2, s_3]$	$[s_3, s_4]$	$[s_2, s_3]$	$[s_1, s_3]$	$[s_2, s_3]$	$[s_3, s_4]$
u_{15}	$[s_0, s_1]$	$[s_2, s_3]$	$[s_0, s_1]$	$[s_0, s_2]$	$[s_2, s_3]$	$[s_2, s_3]$	$[s_2, s_3]$
u_{16}	$[s_0, s_1]$	$[s_1, s_2]$	$[s_{-2}, s_{-1}]$	$[s_2, s_3]$	$[s_3, s_4]$	$[s_1, s_2]$	$[s_3, s_4]$
u_{17}	$[s_{-1}, s_0]$	$[s_2, s_3]$	$[s_2, s_3]$	$[s_2, s_3]$	$[s_3, s_4]$	$[s_1, s_2]$	$[s_3, s_4]$
u_{18}	$[s_{-1}, s_0]$	$[s_2, s_3]$	$[s_2, s_3]$	$[s_3, s_4]$	$[s_2, s_3]$	$[s_1, s_2]$	$[s_3, s_4]$
u_{19}	$[s_0, s_1]$	$[s_{-1}, s_0]$	$[s_1, s_2]$	$[s_1, s_2]$	$[s_2, s_3]$	$[s_2, s_3]$	$[s_2, s_5]$
u_{20}	$[s_0, s_1]$	$[s_3, s_4]$	$[s_2, s_3]$	$[s_3, s_4]$	$[s_2, s_3]$	$[s_2, s_3]$	$[s_3, s_4]$
u_{21}	$[s_1, s_3]$	$[s_2, s_3]$	$[s_2, s_3]$	$[s_1, s_2]$	$[s_2, s_4]$	$[s_3, s_4]$	$[s_2, s_3]$
u_{22}	$[s_1, s_2]$	$[s_3, s_4]$	$[s_2, s_3]$	$[s_2, s_3]$	$[s_2, s_3]$	$[s_2, s_3]$	$[s_2, s_3]$
u_{23}	$[s_2, s_3]$	$[s_2, s_3]$	$[s_1, s_2]$	$[s_2, s_3]$	$[s_0, s_1]$	$[s_0, s_2]$	$[s_4, s_5]$
u_{24}	$[s_1, s_2]$	$[s_2, s_3]$	$[s_2, s_3]$	$[s_3, s_4]$	$[s_3, s_4]$	$[s_2, s_3]$	$[s_3, s_4]$

属性	PC	DB	EP + C	E + PC	E + P + C	EPCm	EPC + O&M
u_{25}	$[s_{-2}, s_{-1}]$	$[s_0, s_1]$	$[s_0, s_1]$	$[s_{-1}, s_0]$	$[s_1, s_2]$	$[s_{-1}, s_2]$	$[s_2, s_3]$
u_{26}	$[s_0, s_1]$	$[s_3, s_4]$	$[s_{-1}, s_0]$	$[s_2, s_3]$	$[s_2, s_3]$	$[s_0, s_1]$	$[s_3, s_4]$
u_{27}	$[s_1, s_2]$	$[s_2, s_3]$	$[s_2, s_3]$	$[s_2, s_3]$	$[s_3, s_4]$	$[s_1, s_2]$	$[s_3, s_4]$
u_{28}	$[s_0, s_2]$	$[s_1, s_2]$	$[s_0, s_2]$	$[s_0, s_1]$	$[s_1, s_2]$	$[s_0, s_1]$	$[s_2, s_3]$
u_{29}	$[s_2, s_3]$	$[s_2, s_3]$	$[s_3, s_4]$	$[s_2, s_3]$	$[s_2, s_3]$	$[s_2, s_3]$	$[s_2, s_3]$

表 8.10　专家 3 $\tilde{R}_3$ 决策矩阵

属性	PC	DB	EP + C	E + PC	E + P + C	EPCm	EPC + O&M
u_1	$[s_0, s_1]$	$[s_1, s_2]$	$[s_2, s_3]$	$[s_2, s_3]$	$[s_2, s_3]$	$[s_1, s_2]$	$[s_3, s_4]$
u_2	$[s_1, s_2]$	$[s_2, s_3]$	$[s_3, s_4]$	$[s_3, s_4]$	$[s_3, s_4]$	$[s_2, s_3]$	$[s_2, s_3]$
u_3	$[s_2, s_3]$	$[s_1, s_2]$	$[s_1, s_2]$	$[s_0, s_2]$	$[s_3, s_4]$	$[s_1, s_2]$	$[s_3, s_5]$
u_4	$[s_1, s_2]$	$[s_2, s_3]$	$[s_2, s_3]$	$[s_2, s_3]$	$[s_2, s_3]$	$[s_2, s_4]$	$[s_3, s_4]$
u_5	$[s_0, s_1]$	$[s_2, s_3]$	$[s_2, s_3]$	$[s_2, s_3]$	$[s_2, s_3]$	$[s_2, s_3]$	$[s_4, s_5]$
u_6	$[s_1, s_2]$	$[s_3, s_4]$	$[s_2, s_3]$	$[s_1, s_2]$	$[s_3, s_4]$	$[s_2, s_3]$	$[s_3, s_4]$
u_7	$[s_0, s_1]$	$[s_1, s_2]$	$[s_3, s_4]$	$[s_2, s_3]$	$[s_2, s_3]$	$[s_1, s_2]$	$[s_2, s_3]$
u_8	$[s_{-1}, s_0]$	$[s_2, s_3]$	$[s_1, s_2]$	$[s_1, s_2]$	$[s_2, s_3]$	$[s_0, s_1]$	$[s_3, s_4]$
u_9	$[s_0, s_1]$	$[s_1, s_3]$	$[s_2, s_3]$	$[s_2, s_3]$	$[s_3, s_4]$	$[s_2, s_3]$	$[s_4, s_5]$
u_{10}	$[s_2, s_3]$	$[s_1, s_2]$	$[s_2, s_3]$	$[s_2, s_3]$	$[s_3, s_5]$	$[s_1, s_2]$	$[s_3, s_4]$
u_{11}	$[s_1, s_3]$	$[s_2, s_3]$	$[s_2, s_3]$	$[s_3, s_4]$	$[s_3, s_4]$	$[s_{-1}, s_0]$	$[s_2, s_3]$
u_{12}	$[s_0, s_2]$	$[s_1, s_2]$	$[s_1, s_2]$	$[s_2, s_3]$	$[s_2, s_3]$	$[s_2, s_3]$	$[s_2, s_3]$
u_{13}	$[s_1, s_2]$	$[s_2, s_3]$	$[s_2, s_3]$	$[s_2, s_3]$	$[s_3, s_4]$	$[s_1, s_2]$	$[s_3, s_4]$
u_{14}	$[s_2, s_3]$	$[s_1, s_2]$	$[s_3, s_4]$	$[s_2, s_3]$	$[s_1, s_2]$	$[s_2, s_3]$	$[s_2, s_4]$
u_{15}	$[s_0, s_1]$	$[s_2, s_3]$	$[s_{-1}, s_0]$	$[s_1, s_2]$	$[s_2, s_3]$	$[s_2, s_3]$	$[s_3, s_4]$
u_{16}	$[s_0, s_1]$	$[s_1, s_2]$	$[s_0, s_2]$	$[s_2, s_3]$	$[s_2, s_3]$	$[s_0, s_2]$	$[s_2, s_3]$
u_{17}	$[s_{-2}, s_{-1}]$	$[s_3, s_4]$	$[s_2, s_3]$	$[s_2, s_4]$	$[s_3, s_4]$	$[s_2, s_3]$	$[s_3, s_4]$
u_{18}	$[s_{-1}, s_0]$	$[s_2, s_3]$	$[s_2, s_3]$	$[s_2, s_3]$	$[s_2, s_3]$	$[s_1, s_2]$	$[s_2, s_3]$
u_{19}	$[s_0, s_1]$	$[s_{-1}, s_1]$	$[s_1, s_2]$	$[s_2, s_3]$	$[s_2, s_3]$	$[s_2, s_3]$	$[s_2, s_3]$
u_{20}	$[s_1, s_2]$	$[s_2, s_3]$	$[s_2, s_3]$	$[s_3, s_5]$	$[s_2, s_4]$	$[s_2, s_3]$	$[s_2, s_4]$
u_{21}	$[s_1, s_2]$	$[s_2, s_3]$	$[s_2, s_3]$	$[s_2, s_3]$	$[s_2, s_3]$	$[s_2, s_4]$	$[s_2, s_3]$
u_{22}	$[s_0, s_1]$	$[s_3, s_4]$	$[s_2, s_4]$	$[s_1, s_2]$	$[s_2, s_3]$	$[s_1, s_2]$	$[s_2, s_3]$
u_{23}	$[s_2, s_3]$	$[s_1, s_2]$	$[s_0, s_1]$	$[s_2, s_3]$	$[s_3, s_4]$	$[s_0, s_1]$	$[s_2, s_3]$
u_{24}	$[s_2, s_3]$	$[s_2, s_3]$	$[s_1, s_2]$	$[s_3, s_4]$	$[s_2, s_3]$	$[s_2, s_3]$	$[s_3, s_4]$
u_{25}	$[s_{-1}, s_1]$	$[s_0, s_1]$	$[s_1, s_2]$	$[s_0, s_1]$	$[s_2, s_3]$	$[s_1, s_2]$	$[s_1, s_3]$

属性	PC	DB	EP + C	E.+ PC	E + P + C	EPCm	EPC + O&M
u_{26}	$[s_0, s_1]$	$[s_2, s_3]$	$[s_0, s_1]$	$[s_2, s_3]$	$[s_2, s_3]$	$[s_0, s_1]$	$[s_2, s_3]$
u_{27}	$[s_1, s_2]$	$[s_2, s_3]$	$[s_2, s_3]$	$[s_2, s_3]$	$[s_1, s_2]$	$[s_0, s_1]$	$[s_3, s_4]$
u_{28}	$[s_2, s_3]$	$[s_1, s_2]$	$[s_1, s_2]$	$[s_1, s_2]$	$[s_2, s_3]$	$[s_{-1}, s_0]$	$[s_3, s_4]$
u_{29}	$[s_1, s_2]$	$[s_2, s_3]$	$[s_2, s_3]$	$[s_1, s_2]$	$[s_2, s_3]$	$[s_3, s_4]$	$[s_2, s_3]$

步骤 2：由式（5-6）求方案的理想点。

$$\tilde{x}^+ = \begin{pmatrix} [s_4,s_5],[s_3,s_4],[s_4,s_5],[s_3,s_4],[s_4,s_5],[s_4,s_5],[s_3,s_4],[s_4,s_5],[s_4,s_5],[s_3,s_5], \\ [s_3,s_4],[s_3,s_4],[s_3,s_4],[s_3,s_4],[s_3,s_4],[s_3,s_4],[s_4,s_5],[s_3,s_4],[s_2,s_5],[s_3,s_4], \\ [s_3,s_4],[s_3,s_4],[s_4,s_5],[s_4,s_5],[s_2,s_3],[s_3,s_4],[s_3,s_4],[s_3,s_4],[s_4,s_5] \end{pmatrix}$$

步骤 3：根据式（5.7）计算每位决策者对不同方案的偏差分量（表 8.11～表 8.13）。

表 8.11　专家 1 偏差分量 $D(\tilde{r}_j^+, \tilde{r}_{ij}^{(1)})$

属性	$D(\tilde{r}_j^+, \tilde{r}_{1j}^{(1)})$	$D(\tilde{r}_j^+, \tilde{r}_{2j}^{(1)})$	$D(\tilde{r}_j^+, \tilde{r}_{3j}^{(1)})$	$D(\tilde{r}_j^+, \tilde{r}_{4j}^{(1)})$	$D(\tilde{r}_j^+, \tilde{r}_{5j}^{(1)})$	$D(\tilde{r}_j^+, \tilde{r}_{6j}^{(1)})$	$D(\tilde{r}_j^+, \tilde{r}_{7j}^{(1)})$
u_1	s_4	s_2	s_2	s_1	s_0	s_2	s_0
u_2	s_2	s_1	s_1	s_0	s_0	s_1	s_0
u_3	s_2	s_2	s_1	s_1	s_1	s_2	s_1
u_4	s_1	s_0	s_1	s_1	s_1	s_0	s_0
u_5	s_4	s_2	s_1	s_2	s_0	s_1	s_0
u_6	s_3	s_1	s_2	s_2	s_1	s_2	s_0
u_7	s_3	s_1	s_1	s_0	s_1	s_1	s_0
u_8	s_5	s_2	s_3	s_2	s_1	$s_{4.5}$	s_0
u_9	s_4	s_2	s_2	s_2	s_1	s_2	s_1
u_{10}	$s_{1.5}$	$s_{1.5}$	$s_{0.5}$	$s_{1.5}$	$s_{1.5}$	$s_{1.5}$	$s_{1.5}$
u_{11}	s_2	s_0	s_1	s_1	s_0	s_3	s_0
u_{12}	s_1	s_1	s_2	s_1	$s_{1.5}$	s_1	s_1
u_{13}	s_1	s_1	s_1	s_1	s_0	s_1	$s_{0.5}$
u_{14}	s_1	s_1	s_0	s_0	s_1	s_1	s_1
u_{15}	s_2	s_1	s_3	s_2	s_1	s_1	s_1
u_{16}	s_3	$s_{2.5}$	s_4	s_1	s_1	s_3	s_1
u_{17}	s_6	s_1	s_2	s_1	s_0	s_2	s_0
u_{18}	s_4	s_1	s_0	s_0	s_1	s_2	s_0
u_{19}	s_3	s_2	s_2	s_1	s_1	s_1	s_1

属性	$D(\tilde{r}_j^+,\tilde{r}_{1j}^{(1)})$	$D(\tilde{r}_j^+,\tilde{r}_{2j}^{(1)})$	$D(\tilde{r}_j^+,\tilde{r}_{3j}^{(1)})$	$D(\tilde{r}_j^+,\tilde{r}_{4j}^{(1)})$	$D(\tilde{r}_j^+,\tilde{r}_{5j}^{(1)})$	$D(\tilde{r}_j^+,\tilde{r}_{6j}^{(1)})$	$D(\tilde{r}_j^+,\tilde{r}_{7j}^{(1)})$
u_{20}	s_3	s_0	s_1	s_0	s_0	$s_{0.5}$	s_0
u_{21}	s_1	s_1	s_0	$s_{1.5}$	s_0	s_0	s_1
u_{22}	s_1	s_0	s_0	s_1	s_1	s_1	s_1
u_{23}	s_2	s_2	s_3	s_2	s_2	s_4	s_1
u_{24}	$s_{2.5}$	s_2	s_2	s_1	$s_{1.5}$	s_1	s_0
u_{25}	s_4	s_3	s_2	s_2	s_1	s_1	s_0
u_{26}	s_3	s_0	s_4	s_1	s_1	s_3	s_1
u_{27}	s_2	s_1	s_1	s_1	s_0	s_3	s_1
u_{28}	s_2	s_1	s_1	s_2	s_1	s_3	s_1
u_{29}	s_2	s_2	s_1	s_2	s_1	s_0	s_1

表 8.12　专家 2 偏差分量 $D(\tilde{r}_j^+,\tilde{r}_{ij}^{(2)})$

属性	$D(\tilde{r}_j^+,\tilde{r}_{1j}^{(2)})$	$D(\tilde{r}_j^+,\tilde{r}_{2j}^{(2)})$	$D(\tilde{r}_j^+,\tilde{r}_{3j}^{(2)})$	$D(\tilde{r}_j^+,\tilde{r}_{4j}^{(2)})$	$D(\tilde{r}_j^+,\tilde{r}_{5j}^{(2)})$	$D(\tilde{r}_j^+,\tilde{r}_{6j}^{(2)})$	$D(\tilde{r}_j^+,\tilde{r}_{7j}^{(2)})$
u_1	s_4	s_2	s_1	s_2	s_2	s_2	s_0
u_2	s_2	s_2	s_2	s_0	s_0	s_1	s_0
u_3	s_2	s_2	s_1	s_2	s_2	s_2	s_0
u_4	s_2	s_0	s_1	s_1	s_1	s_0	s_0
u_5	s_4	s_2	s_2	s_1	s_1	s_3	$s_{1.5}$
u_6	s_3	s_1	s_2	s_2	s_1	s_2	s_1
u_7	s_3	s_1	s_1	s_0	s_1	s_1	s_1
u_8	s_6	s_2	s_3	s_1	s_1	s_4	s_0
u_9	s_4	s_2	s_1	s_2	s_0	s_2	s_2
u_{10}	$s_{1.5}$	$s_{1.5}$	$s_{1.5}$	$s_{1.5}$	$s_{1.5}$	$s_{1.5}$	s_1
u_{11}	s_2	$s_{0.5}$	s_1	s_1	s_0	$s_{3.5}$	s_0
u_{12}	s_1	s_2	s_3	s_2	s_1	s_1	s_0
u_{13}	s_3	s_1	s_1	s_1	s_1	s_1	s_0
u_{14}	s_1	s_1	s_0	s_1	$s_{1.5}$	s_1	s_0
u_{15}	s_3	s_1	s_3	$s_{2.5}$	s_1	s_1	s_1
u_{16}	s_3	s_2	s_5	s_1	s_0	s_2	s_0
u_{17}	s_5	s_2	s_2	s_2	s_1	s_3	s_1
u_{18}	s_4	s_1	s_1	s_0	s_1	s_2	s_0
u_{19}	s_3	s_4	s_2	s_2	s_1	s_1	s_0
u_{20}	s_3	s_0	s_1	s_0	s_1	s_1	s_0
u_{21}	$s_{1.5}$	s_1	s_1	s_2	$s_{0.5}$	s_0	s_1

属性	$D(\tilde{r}_j^+,\tilde{r}_{1j}^{(2)})$	$D(\tilde{r}_j^+,\tilde{r}_{2j}^{(2)})$	$D(\tilde{r}_j^+,\tilde{r}_{3j}^{(2)})$	$D(\tilde{r}_j^+,\tilde{r}_{4j}^{(2)})$	$D(\tilde{r}_j^+,\tilde{r}_{5j}^{(2)})$	$D(\tilde{r}_j^+,\tilde{r}_{6j}^{(2)})$	$D(\tilde{r}_j^+,\tilde{r}_{7j}^{(2)})$
u_{22}	s_2	s_0	s_1	s_1	s_1	s_1	s_1
u_{23}	s_2	s_2	s_3	s_2	s_4	$s_{3.5}$	s_0
u_{24}	s_3	s_2	s_2	s_1	s_1	s_2	s_1
u_{25}	s_4	s_2	s_2	s_3	s_1	s_1	s_0
u_{26}	s_3	s_0	s_4	s_1	s_1	s_3	s_0
u_{27}	s_2	s_1	s_1	s_1	s_0	s_2	s_0
u_{28}	$s_{2.5}$	s_2	$s_{2.5}$	s_3	s_2	s_3	s_1
u_{29}	s_2	s_2	s_1	s_2	s_2	s_2	s_2

表 8.13 专家 3 偏差分量 $D(\tilde{r}_j^+,\tilde{r}_{ij}^{(3)})$

属性	$D(\tilde{r}_j^+,\tilde{r}_{1j}^{(3)})$	$D(\tilde{r}_j^+,\tilde{r}_{2j}^{(3)})$	$D(\tilde{r}_j^+,\tilde{r}_{3j}^{(3)})$	$D(\tilde{r}_j^+,\tilde{r}_{4j}^{(3)})$	$D(\tilde{r}_j^+,\tilde{r}_{5j}^{(3)})$	$D(\tilde{r}_j^+,\tilde{r}_{6j}^{(3)})$	$D(\tilde{r}_j^+,\tilde{r}_{7j}^{(3)})$
u_1	s_4	s_3	s_2	s_2	s_2	s_3	s_1
u_2	s_2	s_1	s_0	s_0	s_0	s_1	s_1
u_3	s_2	s_3	s_3	$s_{3.5}$	s_1	s_3	$s_{0.5}$
u_4	s_2	s_1	s_1	s_1	s_1	$s_{0.5}$	s_0
u_5	s_4	s_2	s_2	s_2	s_2	s_2	s_0
u_6	s_3	s_1	s_2	s_3	s_1	s_2	s_1
u_7	s_3	s_2	s_0	s_1	s_1	s_2	s_1
u_8	s_5	s_2	s_3	s_3	s_2	s_4	s_1
u_9	s_4	$s_{2.5}$	s_2	s_2	s_1	s_2	s_0
u_{10}	$s_{1.5}$	$s_{2.5}$	$s_{1.5}$	$s_{1.5}$	s_0	$s_{2.5}$	$s_{0.5}$
u_{11}	$s_{1.5}$	s_1	s_1	s_0	s_0	s_4	s_1
u_{12}	$s_{2.5}$	s_2	s_2	s_1	s_1	s_1	s_1
u_{13}	s_2	s_1	s_1	s_1	s_0	s_2	s_0
u_{14}	s_1	s_2	s_2	s_2	s_2	s_1	$s_{0.5}$
u_{15}	s_3	s_1	s_4	s_2	s_1	s_1	s_0
u_{16}	s_3	s_2	$s_{2.5}$	s_1	s_1	$s_{2.5}$	s_1
u_{17}	s_6	s_1	s_1	$s_{1.5}$	s_1	s_2	s_1
u_{18}	s_4	s_1	s_1	s_1	s_1	s_2	s_1
u_{19}	s_3	$s_{3.5}$	s_2	s_1	s_1	s_1	s_1
u_{20}	s_2	s_1	s_1	s_0	$s_{0.5}$	s_1	$s_{0.5}$
u_{21}	s_2	s_1	s_1	s_1	s_1	$s_{0.5}$	s_1
u_{22}	s_3	s_0	$s_{0.5}$	s_2	s_1	s_2	s_1
u_{23}	s_2	s_3	s_4	s_2	s_1	s_4	s_2

属性	$D(\tilde{r}_j^+,\tilde{r}_{1j}^{(3)})$	$D(\tilde{r}_j^+,\tilde{r}_{2j}^{(3)})$	$D(\tilde{r}_j^+,\tilde{r}_{3j}^{(3)})$	$D(\tilde{r}_j^+,\tilde{r}_{4j}^{(3)})$	$D(\tilde{r}_j^+,\tilde{r}_{5j}^{(3)})$	$D(\tilde{r}_j^+,\tilde{r}_{6j}^{(3)})$	$D(\tilde{r}_j^+,\tilde{r}_{7j}^{(3)})$
u_{24}	s_2	s_2	s_3	s_1	s_2	s_2	s_1
u_{25}	$s_{2.5}$	s_2	s_1	s_2	s_0	s_1	$s_{0.5}$
u_{26}	s_3	s_1	s_3	s_1	s_1	s_3	s_1
u_{27}	s_2	s_1	s_1	s_1	s_2	s_3	s_0
u_{28}	s_1	s_2	s_2	s_1	s_1	s_4	s_0
u_{29}	s_3	s_2	s_2	s_3	s_2	s_1	s_2

步骤 4：根据式（5.8）计算三位决策者与七个工程总承包二级模式正理想点之间的偏差[68]。例如第一位专家与第七个工程总承二级模式正理想点之间的偏差计算如下：

$$D(\tilde{x}^+,\tilde{x}_1^{(1)}) = \omega_1 D(\tilde{r}_1^+,\tilde{r}_{11}) \oplus \omega_2 D(\tilde{r}_2^+,\tilde{r}_{12}) \oplus \cdots \oplus \omega_{29} D(\tilde{r}_{29}^+,\tilde{r}_{129})$$

$$= 0.043s_0 \oplus 0.0396s_0 \oplus 0.0298s_1 \oplus 0.0231s_0 \oplus 0.0274s_0 \oplus$$
$$0.0406s_0 \oplus 0.0268s_0 \oplus 0.038s_0 \oplus 0.0361s_1 \oplus 0.0336s_{1.5} \oplus$$
$$0.0106s_0 \oplus 0.013s_1 \oplus 0.0386s_{0.5} \oplus 0.0534s_1 \oplus 0.0298s_1 \oplus$$
$$0.0518s_1 \oplus 0.0304s_0 \oplus 0.0417s_1 \oplus 0.0374s_1 \oplus 0.0245s_0 \oplus$$
$$0.0554s_1 \oplus 0.0554s_1 \oplus 0.0266s_1 \oplus 0.0133s_0 \oplus 0.0413s_0 \oplus$$
$$0.0567s_1 \oplus 0.0439s_1 \oplus 0.0138s_1 \oplus 0.0243s_1$$

$$= s0.6388$$

其中，$\omega = (\omega_1, \omega_2, \cdots, \omega_m)$ 为属性的权重向量。

同理得三位决策者与七个工程总承包二级模式正理想点之间的偏差：

$$D(\tilde{x}^+,\tilde{x}_1^{(1)}) = 2.6032 \quad D(\tilde{x}^+,\tilde{x}_2^{(1)}) = 1.2826 \quad D(\tilde{x}^+,\tilde{x}_3^{(1)}) = 1.5883$$
$$D(\tilde{x}^+,\tilde{x}_4^{(1)}) = 1.1363 \quad D(\tilde{x}^+,\tilde{x}_5^{(1)}) = 0.7431 \quad D(\tilde{x}^+,\tilde{x}_6^{(1)}) = 1.6897$$
$$D(\tilde{x}^+,\tilde{x}_7^{(1)}) = 0.6388$$
$$D(\tilde{x}^+,\tilde{x}_1^{(2)}) = 2.8375 \quad D(\tilde{x}^+,\tilde{x}_2^{(2)}) = 1.3923 \quad D(\tilde{x}^+,\tilde{x}_3^{(2)}) = 1.8061$$
$$D(\tilde{x}^+,\tilde{x}_4^{(2)}) = 1.3756 \quad D(\tilde{x}^+,\tilde{x}_5^{(2)}) = 1.0244 \quad D(\tilde{x}^+,\tilde{x}_6^{(2)}) = 1.7263$$
$$D(\tilde{x}^+,\tilde{x}_7^{(2)}) = 0.4610$$
$$D(\tilde{x}^+,\tilde{x}_1^{(3)}) = 2.7925 \quad D(\tilde{x}^+,\tilde{x}_2^{(3)}) = 1.6445 \quad D(\tilde{x}^+,\tilde{x}_3^{(3)}) = 1.6577$$
$$D(\tilde{x}^+,\tilde{x}_4^{(3)}) = 1.5109 \quad D(\tilde{x}^+,\tilde{x}_5^{(3)}) = 1.0673 \quad D(\tilde{x}^+,\tilde{x}_6^{(3)}) = 2.0129$$
$$D(\tilde{x}^+,\tilde{x}_7^{(3)}) = 0.7468$$

步骤 5：利用 LHA 算子计算三位决策者的集结偏差［假设 LHA 算子的加权向量为（0.4, 0.3, 0.3）］，已知决策者的权重向量 $\lambda_k = (0.34, 0.33, 0.33)$，决策者的人数 $t = 3$，利用 λ, t 以及决策者偏差，求解 $t\lambda_k D(\tilde{x}^+,\tilde{x}_i^{(k)})$ ($i = 1, 2, 3, 4, 5, 6, 7$, $k = 1, 2, 3$)。

$$3\lambda_1 D(\tilde{x}^+, x_1^{(1)}) = 2.6553 \quad 3\lambda_1 D(\tilde{x}^+, x_2^{(1)}) = 1.3083 \quad 3\lambda_1 D(\tilde{x}^+, x_3^{(1)}) = 1.6201$$

$$3\lambda_1 D(\tilde{x}^+, x_4^{(1)}) = 1.1590 \quad 3\lambda_1 D(\tilde{x}^+, x_5^{(1)}) = 0.7580 \quad 3\lambda_1 D(\tilde{x}^+, x_6^{(1)}) = 1.7235$$

$$3\lambda_1 D(\tilde{x}^+, x_7^{(1)}) = 0.6516$$

$$3\lambda_2 D(\tilde{x}^+, x_1^{(2)}) = 2.8091 \quad 3\lambda_2 D(\tilde{x}^+, x_2^{(2)}) = 1.3784 \quad 3\lambda_2 D(\tilde{x}^+, x_3^{(2)}) = 1.7880$$

$$3\lambda_2 D(\tilde{x}^+, x_4^{(2)}) = 1.3618 \quad 3\lambda_2 D(\tilde{x}^+, x_5^{(2)}) = 1.0142 \quad 3\lambda_2 D(\tilde{x}^+, x_6^{(2)}) = 1.7090$$

$$3\lambda_2 D(\tilde{x}^+, x_7^{(2)}) = 0.4564$$

$$3\lambda_3 D(\tilde{x}^+, x_1^{(3)}) = 2.7646 \quad 3\lambda_3 D(\tilde{x}^+, x_2^{(3)}) = 1.6281 \quad 3\lambda_3 D(\tilde{x}^+, x_3^{(3)}) = 1.6411$$

$$3\lambda_3 D(\tilde{x}^+, x_4^{(3)}) = 1.4958 \quad 3\lambda_3 D(\tilde{x}^+, x_5^{(3)}) = 1.0566 \quad 3\lambda_3 D(\tilde{x}^+, x_6^{(3)}) = 1.9928$$

$$3\lambda_3 D(\tilde{x}^+, x_7^{(3)}) = 0.7393$$

然后求得方案 x_i 和方案正理想点之间的群体偏差（表 8.14）：

$$D(\tilde{x}^+, \tilde{x}_1) = 0.4 \times s_{2.6553} \oplus 0.3 \times s_{2.8091} \oplus 0.3 \times s_{2.7646} = 2.7342$$

$$D(\tilde{x}^+, \tilde{x}_2) = 0.4 \times s_{1.3083} \oplus 0.3 \times s_{1.3784} \oplus 0.3 \times s_{1.6281} = 1.4253$$

$$D(\tilde{x}^+, \tilde{x}_3) = 0.4 \times s_{1.6201} \oplus 0.3 \times s_{1.7880} \oplus 0.3 \times s_{1.6411} = 1.6768$$

$$D(\tilde{x}^+, \tilde{x}_4) = 0.4 \times s_{1.1590} \oplus 0.3 \times s_{1.3618} \oplus 0.3 \times s_{1.4958} = 1.3209$$

$$D(\tilde{x}^+, \tilde{x}_5) = 0.4 \times s_{0.7580} \oplus 0.3 \times s_{1.0142} \oplus 0.3 \times s_{1.0566} = 0.9244$$

$$D(\tilde{x}^+, \tilde{x}_6) = 0.4 \times s_{1.7235} \oplus 0.3 \times s_{1.7090} \oplus 0.3 \times s_{1.9928} = 1.7999$$

$$D(\tilde{x}^+, \tilde{x}_7) = 0.4 \times s_{0.6516} \oplus 0.3 \times s_{0.4564} \oplus 0.3 \times s_{0.7393} = 0.6194$$

表 8.14　备选方案群体偏差值表

方案	备选方案	群体偏差值
x_1	PC	2.7342
x_2	DB	1.4253
x_3	EP + C	1.6768
x_4	E + PC	1.3209
x_5	E + P + C	0.9244
x_6	EPCm	1.7999
x_7	EPC + O&M	0.6194

步骤 6：利用 $D(\tilde{x}^+, \tilde{x}_i)$ 值对方案排序优选，群体偏差值越小，方案 x_i 越合适。$x_1 > x_6 > x_3 > x_2 > x_4 > x_5 > x_7$，故最优方案是 x_7，即选择 EPC + O&M 模式，与案例推理得到的结果一致，进一步验证了结果的可靠性。

8.5　模型决策结果与项目实际情况分析

本章选取了某乡产业示范基地项目作为目标案例，并利用 CBR 模型判断具体选用哪一类工程管理模式。根据调整的"三步走"工程项目管理模式选择模型最终得到的结果与项目建设过程中实际采用的工程管理模式进行比较，得出最优的项目管理模式都是工程总承包模式下的 EPC + O&M 模式（表 8.15），印证了选择模型的可靠性和选择结果的正确性。

表 8.15　两种模型最优方案表

模型	结果排序	最优方案
案例推理模型（匹配）	EPC + O&M > BOT > DBB	EPC + O&M
不确定多属性模型（验证）	EPC + O&M > E + P + C > E + PC > DB > EP + C > EPCm > PC	EPC + O&M
项目实际采用工程管理模式		EPC + O&M

首先，该文旅示范基地项目从建设内容上看涉及"吃住行游购娱"等各个方面，贯穿文旅项目的整个过程（前期策划及规划→设计→实施→运营），文旅项目的综合性和全过程性决定了承建方需要对该项目的整体建设与运营负责，传统的平行发包工程管理模式显然不适用。该文旅项目受乡村旅游政策扶持，文旅项目有利于形成文化保护、开发、传承的良性循环，有效促进文化资源的"原生矿"向文旅产业的"聚宝盆"转变，加快把文旅资源优势转化为发展优势，是一种可持续发展模式。

其次，EPC + O&M 模式即以终为始，以运营目标为导向，设计、采购、施工运营一体化的全生命周期管理。用 EPC + O&M 模式去做文旅项目，有四大特点。一是控成本，总价控制，精打细算；二是降风险，运营前置，既考虑项目的公益性又要顾及项目的收益性；三是保质量，规范建设，对将来的运营结果负责，所以质量会有保证；四是见效快，快速落地。同时，EPC + O&M 还能解决政府专项债资金运营收入问题，在政府实施文旅型项目的过程中，EPC + O&M 最能够让资产保持增值。

最后，在"十四五"规划中，对乡村振兴、文化强国等战略目标都做出了新的规划和部署，打造高品质文旅项目已成为各地新经济增长点，该文旅项目具有典型性和代表性，符合纳入案例库的条件。

综合分析，该文旅项目业主是当地农旅集团，该项目属于大型建设项目，受文旅产业政策的支持：一是大力支持特色小镇和乡村文旅建设；二是规范文旅地产；三是对文旅产业项目提供财政、土地、金融支持。该文旅项目开发规模大、投资大、开发周期长以及业态结构复杂，故而整体设计难度大，同时该项目工期紧，对投资和质量控制要求高，因此特别适宜采用 EPC 及 PPP 相结合的二级模式 EPC + O&M 模式进行运作。该项目实际项目工程管理模式也是选用的 EPC + O&M 模式，证实了该案例匹配模型的合理性和有效性。

8.6　本　章　小　结

本章选用某乡产业基地示范项目进行分析。首先，对该项目的工程特征进行分析，并从案例库中筛选出文旅项目作为源案例，构建子案例库。其次，运用因子分析法对各指标进行权重判定。再次，建立调整的"三步走"工程项目管理模式选择模型，第一步通过常识和惯例初步判断项目工程管理模式的选择范围。第二步运用较为客观的案例推理方法，对文旅项目进行模式的选择，对目标案例工程项目管理模式进行匹配，运用最邻近算法计算出全局相似度，选择出超出阈值最高的相似源案例。第三步用不确定多属性决策模型进一步确定本项目适用的是 EPC＋O&M 工程管理模式。最后通过项目实际工程管理模式验证了"三步走"的工程管理模式优选模型的有效性。

第9章 村镇医疗项目案例实证分析

2021 年发布的中央一号文件《中共中央 国务院关于全面推进乡村振兴 加快农业农村现代化的意见》中提出要提升农村基本公共服务水平，全面推进健康乡村建设，提升村卫生室标准化建设和健康管理水平，推动乡村医生向执业（助理）医师转变，采取派驻、巡诊等方式提高基层卫生服务水平；提升乡镇卫生院医疗服务能力，选建一批中心卫生院；加强县级医院建设，持续提升县级疾控机构应对重大疫情及突发公共卫生事件能力。推进城乡公共文化服务体系一体建设，创新实施文化惠民工程。

本章采用"三步走"决策模型进行村镇医疗项目工程管理模式的选择。

9.1 某村镇医疗新建项目

9.1.1 某新建医疗项目概况

本章目标案例是安徽省某县人民医院传染病区新建项目。项目的建设可以直接或间接带动一大批社会就业，有利于当地经济的发展。同时，配套建设的污水处理站将极大地改善环境品质。因此，本项目建设的社会效益十分明显。项目概况如表 9.1 所示。

表 9.1 案例概况表

项目	内容
项目名称	安徽铜陵某县人民医院传染病区
项目类型	医疗项目
业主类型	县政府
项目总投资	15 415 万元
项目规模	22 000m²
主要建设内容	门诊医技楼、住院楼和后勤综合楼

9.1.2　项目特征分析

1. 项目特征

项目基于"以人为本"的原则，考虑到该县传染病救治的空白及短板投资建设该项目。该项目能够带动该县人民医院周边经济的发展，使该县公共服务设施配套更加齐全，对改善"看病难、看病贵"的问题起到了积极作用。项目总投资额约为 15 415 万元，属于大型建设项目。项目建设的主要内容是医院的门诊医技楼、住院楼和后勤综合楼。

2. 业主特征及目标

该项目的业主是某县卫生健康委员会，项目资金由县财政统筹，拟使用非标专项债券资金 12 000 万元。县人民医院设立的主要目的是满足群众就医需求，加快实现公立医院综合改革，促进县医疗卫生事业发展和县经济社会协调发展。在国家的政策要求下，项目建设过程对环保、节能要求较高，同时对项目的施工成本和完工日期要求也比较高。

3. 外部环境

该县是国家县级公立医院综合改革试点县和安徽省县域医疗服务共同体试点县，要努力使县域内就诊比例达到 90%，使国民健康主要指标达到或接近铜陵水平，使卫生综合实力显著提升。该建设项目是重大民生工程，受到国家政策的支持。中国建筑第二工程局有限公司华东公司作为该项目的承建单位，拥有建设部①颁发的房屋建筑施工总承包特级、市政公用工程施工总承包特级、建筑行业（建筑工程）甲级设计资质，其管理能力较强，施工经验丰富。

9.2　指标权重确定

本节将直接应用 6.2 节得到的指标权重值，见表 9.2。

表 9.2　指标权重表

目标层	一级指标 A_{ij}	二级指标 B_{ij}	ω_{ij}
绿色宜居村镇建设项目管理模式选择指标体系	政治环境 0.1374	E1 国家政策的影响	0.0554
		E2 村镇规划的影响	0.0554

---

① 指中华人民共和国建设部，2008 年《国务院机构改革方案》规定组建中华人民共和国住房和城乡建设部，不再保留建设部。

续表

目标层	一级指标 A_{ij}	二级指标 B_{ij}	ω_{ij}
绿色宜居村镇建设项目管理模式选择指标体系	政治环境 0.1374	E3 绿色、环保要求	0.0266
	社会环境 0.1934	E4 村民参与程度	0.0413
		E5 地方政府监管责任	0.0567
		E6 绿色环保信息有效传递	0.0439
		E7 承包商的技术管理能力	0.0243
		E8 当地的经济水平	0.0133
		E9 金融市场的稳定程度	0.0138
	项目信息 0.1630	P1 项目类型	0.0430
		P2 项目规模	0.0396
		P5 设计考虑村民的生活习惯	0.0298
		P6 施工要求节能、经济实用	0.0231
		P7 项目风险	0.0274
	业主能力 0.1987	O1 业主类型	0.0406
		O2 业主的人力资源	0.0268
		O3 业主的财务状况	0.0380
		O4 业主的经验	0.0361
		O5 业主的管理能力	0.0336
		P3 投资额度	0.0106
		P4 资金主要来源方式	0.0130
	业主目标要求 0.1736	O6 对质量的要求	0.0386
		O7 对按时完工的要求	0.0534
		O8 对控制成本的要求	0.0298
		O9 对绿色健康安全的要求	0.0518
	业主偏好 0.1339	O10 业主的参与意愿	0.0304
		O11 允许变更的程度	0.0417
		O12 承担风险的意愿	0.0374
		O13 对项目参与方的信任	0.0245

9.3 项目工程管理一级模式的选择

9.3.1 案例的检索与子案例库的构建

对目标村镇医疗项目进行检索,确定村镇医疗项目子案例库,基于已构建的案例库以及案例特征的确定，对源案例的案例特征进行符号化表示，与第 6 章田园综合体源案例的案例特征表示方式一致，然后计算局部相似度，最后根据最邻近算法确定项目的全局相似度。

1. 案例检索

本节将对村镇医疗项目进行实证分析，具体检索图见图 9.1。

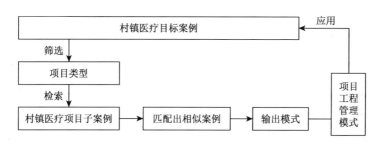

图 9.1　村镇医疗项目案例检索图

2. 村镇医疗子案例库的构建

通过对项目类型进行筛选后构建村镇医疗子案例库，筛选出 5 个村镇医疗项目作为源案例进行比较。子案例库如图 9.2 所示。

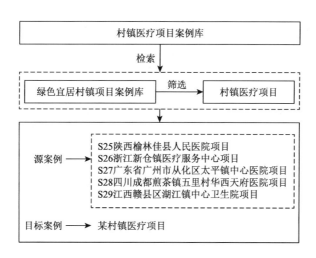

图 9.2　村镇医疗项目子案例库构建

9.3.2 案例推理模型构建

1. 目标案例与源案例局部相似度计算

与第 6 章相同，先对本章选取的其中一个源案例进行详细描述（表 9.3），其他同理可得。根据 5.3 节的案例特征表示，采用二值型的案例特征包括业主类型、业主的人力资源、业主的经验、业主的管理能力、业主的财务状况、对质量的要求等 19 个指标；采用数值型的案例特征是投资额度、项目规模、工期以及金融市场的稳定程度等 4 个指标；采用模糊逻辑型的案例特征是当地的经济水平、对控制成本的要求、业主的参与意愿、是否愿意承担风险以及承包商的技术管理能力等 5 个指标；采用模糊文本相似度算法的是项目风险 1 个指标。5 个源案例特征信息见表 9.4，基于式（5.1）～式（5.4），计算出该目标案例与源案例的局部相似度（表 9.5）。

表 9.3　目标案例与源案例 S26 的属性相似度计算结果

案例特征	指标填选及单位	目标案例	源案例 S26	相似度
项目是否受国家政策支持	是/否	是	是	1
是否有村镇规划并符合要求	是/否	是	否	0
是否有绿色、环保要求	是/否	是	是	1
村民是否愿意参与	是/否	是	是	1
地方政府监管责任是否落实	是/否	是	是	1
绿色环保信息是否有效传递	是/否	是	是	1
承包商是否有足够的技术管理能力	特级/一级/二级/三级	特级	一级	0.75
当地的经济水平（省域）	一类/二类/三类/四类	三类	二类	0.75
金融市场是否稳定	村镇银行营业厅的数量/个	1	8	0
项目类型	1 = 基础设施项目/2 = 公共服务配套/3 = 产业项目/4 = 特色小镇/5 = 田园综合体/6 = 环境整治工程/7 = 搬迁安置工程/8 = 村民自建房/危房改造	公共服务配套	公共服务配套	1
项目规模	m^2	22 000	23 484	1
设计是否考虑村民的生活习惯	是/否	是	是	1
施工是否要求节能、经济实用	是/否	是	是	1
项目当地条件是否有风险	文字描述	地势平坦，适宜项目建设	地势比较平坦，适宜项目建设	0.912 9

续表

案例特征	指标填选及单位	目标案例	源案例 S26	相似度
业主类型	1 = 政府/2 = 社会方/3 = 村集体/4 = 村民	政府	社会方	0
业主的人力资源是否丰富	是/否	否	否	1
业主是否有充足的资金	是/否	否	是	0
业主是否有经验	是/否	是	是	1
业主是否具备管理能力	是/否	是	是	1
投资额度	万元（人民币）	15 415	14 363	0.997 3
资金主要来源方式	1 = 政府投资/2 = 社会资本方投资/3 = 村集体投资/4 = 村民自筹	政府投资	社会资本方投资	0
项目是否保质量完成	是/否	是	是	1
工期	d	500	750	0.834 6
对控制成本的要求	1 = 好/2 = 合理/3 = 差	合理	合理	1
项目是否有绿色健康安全的要求	是/否	是	是	1
业主是否愿意参与	1 = 全过程参与/2 = 适度参与/3 = 较少参与	全过程参与	全过程参与	1
是否允许项目变更	是/否	否	否	1
是否愿意承担风险	1 = 双方承担/2 = 主要由承包商承担/3 = 依据自身职能合理划分风险	主要由承包商承担	主要由承包商承担	1
对项目参与方是否信任	是/否	是	是	1

表 9.4　5 个源案例特征属性相似度信息系统

二级指标	S25	S26	S27	S28	S29
E1 国家政策的影响	1	1	1	1	1
E2 村镇规划的影响	0	0	1	0	1
E3 绿色、环保要求	1	1	1	1	1
E4 村民参与程度	1	1	1	0	1
E5 地方政府监管责任	1	1	1	1	1
E6 绿色环保信息有效传递	1	1	1	1	1
E7 承包商的技术管理能力	0.75	0.75	0.75	0.75	0.25
E8 当地的经济水平	1	0.75	1	1	1
E9 金融市场的稳定程度	0.7143	0	0.4268	0	1
P1 项目类型	1	1	1	1	1
P2 项目规模	0.9558	1	0.9810	0	0.9202

二级指标	S25	S26	S27	S28	S29
P5 设计考虑村民的生活习惯	1	1	1	1	1
P6 施工要求节能、经济实用	1	1	1	1	1
P7 项目风险	0.9129	0.9129	0.4961	0.2582	0.2828
O1 业主类型	1	0	0	0	0
O2 业主的人力资源	0	1	1	1	1
O3 业主的财务状况	1	0	1	1	1
O4 业主的经验	1	1	0	1	0
O5 业主的管理能力	1	1	1	1	1
P3 投资额度	1	0.9973	0.9743	0	0.9608
P4 资金主要来源方式	1	0	1	1	1
O6 对质量的要求	1	1	1	1	1
O7 对按时完工的要求	0.4586	0.8346	0.6541	0	1
O8 对控制成本的要求	1	1	1	1	1
O9 对绿色健康安全的要求	1	1	1	1	1
O10 业主的参与意愿	1	1	1	1	1
O11 允许变更的程度	0	1	1	1	0
O12 承担风险的意愿	0.6667	1	0.6667	1	0.6667
O13 对项目参与方的信任	1	1	1	1	1

表 9.5　目标案例与源案例属性特征局部加权相似度

二级指标	S25	S26	S27	S28	S29
E1 国家政策的影响	0.0554	0.0554	0.0554	0.0554	0.0554
E2 村镇规划的影响	0	0	0.0554	0	0.0554
E3 绿色、环保要求	0.0266	0.0266	0.0266	0.0266	0.0266
E4 村民参与程度	0.0413	0.0413	0.0413	0	0.0413
E5 地方政府监管责任	0.0567	0.0567	0.0567	0.0567	0.0567
E6 绿色环保信息有效传递	0.0439	0.0439	0.0439	0.0439	0.0439
E7 承包商的技术管理能力	0.0182	0.0182	0.0182	0.0182	0.0061
E8 当地的经济水平	0.0133	0.0010	0.0133	0.0133	0.0133
E9 金融市场的稳定程度	0.0099	0	0.0059	0	0.0138
P1 项目类型	0.043	0.043	0.043	0.043	0.043
P2 项目规模	0.0379	0.0396	0.0388	0	0.0364

二级指标	S25	S26	S27	S28	S29
P5 设计考虑村民的生活习惯	0.0298	0.0298	0.0298	0.0298	0.0298
P6 施工要求节能、经济实用	0.0231	0.0231	0.0231	0.0231	0.0231
P7 项目风险	0.0250	0.0250	0.0136	0.0071	0.0078
O1 业主类型	0.0406	0	0	0	0
O2 业主的人力资源	0	0.0268	0.0268	0.0268	0.0268
O3 业主的财务状况	0.038	0	0.038	0.038	0.038
O4 业主的经验	0.0361	0.0361	0	0.0361	0
O5 业主的管理能力	0.0336	0.0336	0.0336	0.0336	0.0336
P3 投资额度	0.0106	0.0106	0.0103	0	0.0102
P4 资金主要来源方式	0.013	0	0.013	0.013	0.013
O6 对质量的要求	0.0386	0.0386	0.0386	0.0386	0.0386
O7 对按时完工的要求	0.0254	0.0446	0.0349	0	0.0543
O8 对控制成本的要求	0.0298	0.0298	0.0298	0.0298	0.0298
O9 对绿色健康安全的要求	0.0518	0.0518	0.0518	0.0518	0.0518
O10 业主的参与意愿	0.0304	0.0304	0.0304	0.0304	0.0304
O11 允许变更的程度	0	0.0417	0.0417	0.0417	0
O12 承担风险的意愿	0.0249	0.0374	0.0249	0.0374	0.0249
O13 对项目参与方的信任	0.0245	0.0245	0.0245	0.0245	0.0245
相似度加权和	0.8205	0.8184	0.8758	0.7188	0.8275

2. 全局相似度计算

基于式（5.5），计算出安徽省铜陵市某县人民医院传染病区新建项目与源案例的全局相似度（表9.6）。根据计算结果，可以得出全局相似度在80%以上且最高的是S27源案例，因此该医疗项目应该采用EPC模式。

表9.6　案例属性特征全局相似度

源案例	项目工程管理模式	全局相似度
S25 陕西榆林佳县人民医院项目	DBB	82.05%
S26 浙江新仓镇医疗服务中心项目	EPC	81.84%

续表

源案例	项目工程管理模式	全局相似度
S27 广东省广州市从化区太平镇中心医院项目	EPC	87.58%
S28 四川成都煎茶镇五里村华西天府医院项目	EPC	71.88%
S29 江西赣县区湖江镇中心卫生院项目	DBB	82.75%

在确定安徽省铜陵市某县人民医院传染病区新建项目应该采用工程总承包模式以后，为了更好地匹配具体应该用哪类工程总承包模式，对该项目的二级模式进行研究。因为案例库中此类项目几乎不涉及二级模式，所以应用不确定多属性决策模型进行工程项目管理二级管理模式选择。

9.4 项目工程管理二级模式的决策

9.4.1 决策要素

与第 6 章相同根据以下假设，确定该决策模型所需数据（表 9.7）。

①指标体系是确定的，根据扎根理论以及因子分析法确定出完整的指标体系。

②指标的属性值是不确定的，但可以用区间值来描述。

③决策者的权重向量是确定的，假设决策者的权威性一致。

表 9.7 决策模型具体要素及数据

要素	具体数据
决策备选方案	$x = (x_1, x_2, x_3, x_4, x_5, x_6)$ 分别代表 $x =$（PC 模式，DB 模式，EP＋C 模式，E＋PC 模式，E＋P＋C 模式，EPCm 模式）[①]
决策者的语言标度	$S = (s_5, s_4, s_3, s_2, s_1, s_0, s_{-1}, s_{-2}, s_{-3}, s_{-4}, s_{-5})$ 分别代表 $S =$（极好，很好，好，较好，稍好，一般，稍差，较差，差，很差，极差）的语言评估值
属性集	$U = (u_1, u_2, \cdots, u_m)$ 分别代表 $U =$（项目类型，项目规模，投资额度，资金主要来源方式，设计考虑村民的生活习惯，施工要求节能、经济实用，项目风险，业主类型，业主的人力资源，业主的财务状况，业主的经验，业主的管理能力，对质量的要求，对按时完工的要求，对控制成本的要求，对绿色健康安全的要求，业主的参与意愿，允许变更的程度，承担风险的意愿，对项目参与方的信任，国家政策的影响，村镇规划的影响，绿色、环保要求，当地的经济水平，村民参与程度，地方政府监管责任，绿色环保信息有效传递，金融市场的稳定程度，承包商的技术管理能力）
属性权重	$\omega = $（0.0430，0.0396，0.0106，0.0130，0.0298，0.0231，0.0274，0.0406，0.0268，0.0380，0.0361，0.0336，0.0386，0.0534，0.0298，0.0518，0.0304，0.0417，0.0374，0.0245，0.0554，0.0554，0.0266，0.0133，0.0413，0.0567，0.0439，0.0138，0.0243）

① 根据村镇医疗项目的公益性特征没有选择 EPC＋O&M 模式。

9.4.2　不确定多属性决策模型构建

在经过推理得出安徽省铜陵市某县人民医院传染病区新建项目适合EPC的工程项目管理一级模式后，对该项目适用的二级模式进行研究，以下为具体的步骤。

步骤 1：根据该工程项目管理模式的决策问题，聘请三位专家，根据语言标度区间值判断该项目更适合哪种工程项目管理二级模式，根据给出的不确定语言评估值 $\tilde{r}_{ij}^{(k)}$，分别建立决策矩阵 $\tilde{R}_k = (\tilde{r}_{ij}^{(k)})_{n \times m}$（表 9.8～表 9.10）。

表 9.8　专家 1 $\tilde{R}_1$ 决策矩阵

属性	PC	DB	EP + C	E + PC	E + P + C	EPCm
u_1	$[s_3, s_4]$	$[s_0, s_1]$	$[s_1, s_2]$	$[s_2, s_3]$	$[s_3, s_4]$	$[s_2, s_3]$
u_2	$[s_0, s_1]$	$[s_2, s_3]$	$[s_1, s_2]$	$[s_2, s_3]$	$[s_3, s_4]$	$[s_2, s_3]$
u_3	$[s_0, s_1]$	$[s_2, s_3]$	$[s_1, s_2]$	$[s_2, s_3]$	$[s_3, s_4]$	$[s_2, s_3]$
u_4	$[s_0, s_1]$	$[s_0, s_1]$	$[s_1, s_2]$	$[s_2, s_3]$	$[s_3, s_4]$	$[s_2, s_3]$
u_5	$[s_0, s_1]$	$[s_0, s_1]$	$[s_1, s_2]$	$[s_2, s_3]$	$[s_3, s_4]$	$[s_2, s_3]$
u_6	$[s_2, s_3]$	$[s_1, s_2]$	$[s_1, s_2]$	$[s_1, s_2]$	$[s_3, s_4]$	$[s_1, s_2]$
u_7	$[s_3, s_4]$	$[s_0, s_1]$	$[s_1, s_2]$	$[s_2, s_3]$	$[s_3, s_4]$	$[s_2, s_3]$
u_8	$[s_3, s_4]$	$[s_0, s_1]$	$[s_1, s_2]$	$[s_2, s_3]$	$[s_3, s_4]$	$[s_2, s_3]$
u_9	$[s_1, s_2]$	$[s_0, s_1]$	$[s_1, s_2]$	$[s_2, s_3]$	$[s_4, s_5]$	$[s_3, s_4]$
u_{10}	$[s_0, s_1]$	$[s_0, s_1]$	$[s_1, s_2]$	$[s_2, s_3]$	$[s_3, s_4]$	$[s_2, s_3]$
u_{11}	$[s_1, s_2]$	$[s_0, s_1]$	$[s_1, s_2]$	$[s_2, s_3]$	$[s_4, s_5]$	$[s_3, s_4]$
u_{12}	$[s_1, s_2]$	$[s_0, s_1]$	$[s_1, s_2]$	$[s_2, s_3]$	$[s_4, s_5]$	$[s_3, s_4]$
u_{13}	$[s_1, s_2]$	$[s_0, s_1]$	$[s_1, s_2]$	$[s_2, s_3]$	$[s_4, s_5]$	$[s_3, s_4]$
u_{14}	$[s_1, s_2]$	$[s_0, s_1]$	$[s_1, s_2]$	$[s_2, s_3]$	$[s_4, s_5]$	$[s_3, s_4]$
u_{15}	$[s_1, s_2]$	$[s_0, s_1]$	$[s_1, s_2]$	$[s_2, s_3]$	$[s_4, s_5]$	$[s_1, s_2]$
u_{16}	$[s_2, s_3]$	$[s_0, s_1]$	$[s_2, s_3]$	$[s_2, s_3]$	$[s_3, s_4]$	$[s_2, s_3]$
u_{17}	$[s_1, s_2]$	$[s_0, s_1]$	$[s_1, s_2]$	$[s_2, s_3]$	$[s_4, s_5]$	$[s_3, s_4]$
u_{18}	$[s_1, s_2]$	$[s_1, s_2]$	$[s_1, s_2]$	$[s_1, s_2]$	$[s_4, s_5]$	$[s_1, s_2]$
u_{19}	$[s_2, s_3]$	$[s_2, s_3]$	$[s_2, s_3]$	$[s_1, s_2]$	$[s_4, s_5]$	$[s_1, s_2]$
u_{20}	$[s_2, s_3]$	$[s_0, s_1]$	$[s_2, s_3]$	$[s_1, s_2]$	$[s_4, s_5]$	$[s_1, s_2]$
u_{21}	$[s_0, s_1]$	$[s_0, s_1]$	$[s_1, s_2]$	$[s_2, s_3]$	$[s_3, s_4]$	$[s_2, s_3]$
u_{22}	$[s_0, s_1]$	$[s_0, s_1]$	$[s_1, s_2]$	$[s_2, s_3]$	$[s_3, s_4]$	$[s_2, s_3]$
u_{23}	$[s_2, s_3]$	$[s_0, s_1]$	$[s_2, s_3]$	$[s_2, s_3]$	$[s_3, s_4]$	$[s_2, s_3]$
u_{24}	$[s_0, s_1]$	$[s_0, s_1]$	$[s_1, s_2]$	$[s_2, s_3]$	$[s_3, s_4]$	$[s_2, s_3]$
u_{25}	$[s_1, s_2]$	$[s_0, s_1]$	$[s_1, s_2]$	$[s_2, s_3]$	$[s_4, s_5]$	$[s_3, s_4]$

续表

属性	PC	DB	EP + C	E + PC	E + P + C	EPCm
u_{26}	$[s_1, s_2]$	$[s_0, s_1]$	$[s_1, s_2]$	$[s_2, s_3]$	$[s_4, s_5]$	$[s_3, s_4]$
u_{27}	$[s_1, s_2]$	$[s_0, s_1]$	$[s_1, s_2]$	$[s_2, s_3]$	$[s_4, s_5]$	$[s_3, s_4]$
u_{28}	$[s_0, s_1]$	$[s_0, s_1]$	$[s_1, s_2]$	$[s_2, s_3]$	$[s_3, s_4]$	$[s_2, s_3]$
u_{29}	$[s_1, s_2]$	$[s_0, s_1]$	$[s_3, s_4]$	$[s_1, s_2]$	$[s_3, s_4]$	$[s_1, s_2]$

表 9.9　专家 2 $\tilde{R}_2$ 决策矩阵

属性	PC	DB	EP + C	E + PC	E + P + C	EPCm
u_1	$[s_2, s_3]$	$[s_0, s_1]$	$[s_3, s_4]$	$[s_2, s_3]$	$[s_2, s_4]$	$[s_1, s_2]$
u_2	$[s_3, s_4]$	$[s_1, s_2]$	$[s_2, s_3]$	$[s_2, s_3]$	$[s_3, s_4]$	$[s_1, s_2]$
u_3	$[s_1, s_2]$	$[s_1, s_2]$	$[s_0, s_1]$	$[s_{-1}, s_0]$	$[s_4, s_5]$	$[s_2, s_3]$
u_4	$[s_3, s_4]$	$[s_1, s_2]$	$[s_2, s_4]$	$[s_0, s_1]$	$[s_4, s_5]$	$[s_3, s_4]$
u_5	$[s_2, s_3]$	$[s_0, s_1]$	$[s_2, s_3]$	$[s_1, s_2]$	$[s_2, s_4]$	$[s_1, s_2]$
u_6	$[s_3, s_4]$	$[s_0, s_1]$	$[s_1, s_3]$	$[s_2, s_3]$	$[s_3, s_4]$	$[s_0, s_1]$
u_7	$[s_2, s_3]$	$[s_1, s_2]$	$[s_0, s_2]$	$[s_1, s_2]$	$[s_3, s_4]$	$[s_1, s_2]$
u_8	$[s_2, s_3]$	$[s_{-1}, s_1]$	$[s_2, s_4]$	$[s_2, s_4]$	$[s_3, s_4]$	$[s_1, s_2]$
u_9	$[s_1, s_2]$	$[s_0, s_1]$	$[s_1, s_2]$	$[s_0, s_2]$	$[s_3, s_4]$	$[s_0, s_1]$
u_{10}	$[s_1, s_2]$	$[s_{-2}, s_{-1}]$	$[s_2, s_3]$	$[s_{-1}, s_0]$	$[s_2, s_3]$	$[s_2, s_4]$
u_{11}	$[s_3, s_4]$	$[s_2, s_3]$	$[s_3, s_4]$	$[s_2, s_3]$	$[s_3, s_4]$	$[s_2, s_3]$
u_{12}	$[s_2, s_4]$	$[s_1, s_2]$	$[s_2, s_3]$	$[s_1, s_2]$	$[s_2, s_3]$	$[s_2, s_3]$
u_{13}	$[s_3, s_5]$	$[s_2, s_3]$	$[s_2, s_3]$	$[s_2, s_4]$	$[s_3, s_4]$	$[s_3, s_4]$
u_{14}	$[s_2, s_4]$	$[s_2, s_3]$	$[s_3, s_4]$	$[s_2, s_3]$	$[s_3, s_4]$	$[s_3, s_4]$
u_{15}	$[s_3, s_4]$	$[s_3, s_4]$	$[s_2, s_3]$	$[s_3, s_4]$	$[s_3, s_4]$	$[s_4, s_5]$
u_{16}	$[s_3, s_4]$	$[s_2, s_3]$	$[s_2, s_4]$	$[s_3, s_4]$	$[s_3, s_4]$	$[s_2, s_4]$
u_{17}	$[s_3, s_4]$	$[s_3, s_4]$	$[s_0, s_1]$	$[s_3, s_4]$	$[s_3, s_4]$	$[s_3, s_5]$
u_{18}	$[s_3, s_4]$	$[s_1, s_2]$	$[s_0, s_1]$	$[s_0, s_1]$	$[s_3, s_4]$	$[s_0, s_1]$
u_{19}	$[s_2, s_3]$	$[s_2, s_3]$	$[s_0, s_1]$	$[s_{-1}, s_0]$	$[s_3, s_4]$	$[s_2, s_3]$
u_{20}	$[s_2, s_3]$	$[s_2, s_3]$	$[s_2, s_4]$	$[s_3, s_4]$	$[s_4, s_5]$	$[s_3, s_4]$
u_{21}	$[s_2, s_3]$	$[s_2, s_3]$	$[s_3, s_4]$	$[s_2, s_3]$	$[s_2, s_4]$	$[s_2, s_3]$
u_{22}	$[s_1, s_2]$	$[s_2, s_3]$	$[s_2, s_3]$	$[s_1, s_2]$	$[s_2, s_5]$	$[s_2, s_3]$
u_{23}	$[s_1, s_2]$	$[s_1, s_2]$	$[s_2, s_3]$	$[s_2, s_4]$	$[s_2, s_3]$	$[s_0, s_1]$
u_{24}	$[s_2, s_3]$	$[s_0, s_1]$	$[s_2, s_3]$	$[s_2, s_3]$	$[s_2, s_3]$	$[s_3, s_5]$
u_{25}	$[s_0, s_1]$	$[s_{-1}, s_0]$	$[s_1, s_2]$	$[s_{-1}, s_0]$	$[s_3, s_4]$	$[s_{-1}, s_1]$

属性	PC	DB	EP + C	E + PC	E + P + C	EPCm
u_{26}	$[s_1, s_2]$	$[s_1, s_2]$	$[s_1, s_2]$	$[s_0, s_1]$	$[s_4, s_5]$	$[s_1, s_2]$
u_{27}	$[s_2, s_3]$	$[s_0, s_1]$	$[s_2, s_4]$	$[s_2, s_3]$	$[s_3, s_4]$	$[s_0, s_2]$
u_{28}	$[s_1, s_3]$	$[s_1, s_2]$	$[s_2, s_3]$	$[s_1, s_2]$	$[s_2, s_3]$	$[s_2, s_3]$
u_{29}	$[s_3, s_5]$	$[s_1, s_2]$	$[s_3, s_4]$	$[s_3, s_4]$	$[s_4, s_5]$	$[s_3, s_4]$

表 9.10　专家 3 $\tilde{R}_3$ 决策矩阵

属性	PC	DB	EP + C	E + PC	E + P + C	EPCm
u_1	$[s_3, s_4]$	$[s_{-1}, s_0]$	$[s_{-1}, s_0]$	$[s_1, s_3]$	$[s_4, s_5]$	$[s_2, s_3]$
u_2	$[s_3, s_4]$	$[s_0, s_1]$	$[s_2, s_3]$	$[s_1, s_3]$	$[s_4, s_5]$	$[s_2, s_3]$
u_3	$[s_3, s_4]$	$[s_1, s_2]$	$[s_2, s_3]$	$[s_2, s_3]$	$[s_3, s_4]$	$[s_1, s_2]$
u_4	$[s_3, s_4]$	$[s_3, s_4]$	$[s_0, s_1]$	$[s_1, s_2]$	$[s_3, s_4]$	$[s_0, s_1]$
u_5	$[s_3, s_4]$	$[s_1, s_2]$	$[s_1, s_2]$	$[s_1, s_2]$	$[s_3, s_4]$	$[s_2, s_3]$
u_6	$[s_3, s_4]$	$[s_1, s_2]$	$[s_1, s_2]$	$[s_2, s_3]$	$[s_3, s_5]$	$[s_2, s_3]$
u_7	$[s_3, s_4]$	$[s_1, s_2]$	$[s_1, s_2]$	$[s_1, s_2]$	$[s_3, s_5]$	$[s_2, s_3]$
u_8	$[s_1, s_2]$	$[s_0, s_1]$	$[s_2, s_3]$	$[s_2, s_3]$	$[s_3, s_4]$	$[s_2, s_3]$
u_9	$[s_2, s_3]$	$[s_3, s_4]$	$[s_2, s_3]$	$[s_2, s_3]$	$[s_3, s_4]$	$[s_1, s_2]$
u_{10}	$[s_2, s_3]$	$[s_2, s_3]$	$[s_1, s_2]$	$[s_1, s_2]$	$[s_3, s_4]$	$[s_1, s_2]$
u_{11}	$[s_2, s_3]$	$[s_1, s_2]$	$[s_2, s_3]$	$[s_1, s_2]$	$[s_3, s_4]$	$[s_3, s_4]$
u_{12}	$[s_2, s_3]$	$[s_1, s_2]$	$[s_2, s_3]$	$[s_2, s_3]$	$[s_3, s_4]$	$[s_1, s_2]$
u_{13}	$[s_2, s_3]$	$[s_0, s_1]$	$[s_1, s_2]$	$[s_1, s_2]$	$[s_3, s_4]$	$[s_3, s_4]$
u_{14}	$[s_2, s_3]$	$[s_0, s_1]$	$[s_1, s_2]$	$[s_1, s_2]$	$[s_3, s_4]$	$[s_3, s_4]$
u_{15}	$[s_2, s_3]$	$[s_0, s_1]$	$[s_2, s_3]$	$[s_0, s_1]$	$[s_4, s_5]$	$[s_1, s_2]$
u_{16}	$[s_2, s_3]$	$[s_0, s_1]$	$[s_1, s_2]$	$[s_1, s_2]$	$[s_3, s_4]$	$[s_2, s_4]$
u_{17}	$[s_1, s_2]$	$[s_0, s_1]$	$[s_2, s_3]$	$[s_3, s_4]$	$[s_3, s_4]$	$[s_3, s_4]$
u_{18}	$[s_1, s_2]$	$[s_0, s_1]$	$[s_1, s_2]$	$[s_2, s_3]$	$[s_4, s_5]$	$[s_3, s_4]$
u_{19}	$[s_1, s_2]$	$[s_2, s_3]$	$[s_1, s_2]$	$[s_1, s_2]$	$[s_2, s_3]$	$[s_1, s_2]$
u_{20}	$[s_0, s_1]$	$[s_0, s_1]$	$[s_1, s_2]$	$[s_2, s_3]$	$[s_4, s_5]$	$[s_2, s_3]$
u_{21}	$[s_2, s_3]$	$[s_0, s_1]$	$[s_1, s_2]$	$[s_1, s_2]$	$[s_4, s_5]$	$[s_2, s_3]$
u_{22}	$[s_1, s_2]$	$[s_0, s_1]$	$[s_2, s_3]$	$[s_3, s_4]$	$[s_3, s_4]$	$[s_3, s_4]$
u_{23}	$[s_1, s_2]$	$[s_0, s_1]$	$[s_2, s_3]$	$[s_2, s_3]$	$[s_1, s_2]$	$[s_1, s_2]$
u_{24}	$[s_1, s_2]$	$[s_1, s_2]$	$[s_2, s_3]$	$[s_3, s_4]$	$[s_4, s_5]$	$[s_3, s_4]$
u_{25}	$[s_1, s_2]$	$[s_0, s_1]$	$[s_2, s_3]$	$[s_1, s_2]$	$[s_3, s_4]$	$[s_3, s_4]$

属性	PC	DB	EP + C	E + PC	E + P + C	EPCm
u_{26}	$[s_2, s_3]$	$[s_1, s_2]$	$[s_2, s_3]$	$[s_3, s_4]$	$[s_4, s_5]$	$[s_2, s_3]$
u_{27}	$[s_1, s_2]$	$[s_0, s_1]$	$[s_1, s_2]$	$[s_2, s_3]$	$[s_3, s_4]$	$[s_3, s_4]$
u_{28}	$[s_1, s_2]$	$[s_1, s_2]$	$[s_2, s_3]$	$[s_2, s_3]$	$[s_3, s_5]$	$[s_3, s_4]$
u_{29}	$[s_1, s_2]$	$[s_1, s_2]$	$[s_2, s_3]$	$[s_3, s_4]$	$[s_4, s_5]$	$[s_2, s_3]$

步骤 2：由式（5.6）求方案的理想点。

$$\tilde{x}^+ = \begin{pmatrix} [s_4,s_5],[s_4,s_5],[s_4,s_5],[s_4,s_5],[s_3,s_4],[s_3,s_5],[s_3,s_5],[s_3,s_4],[s_4,s_5],[s_3,s_4], \\ [s_4,s_5],[s_4,s_5],[s_4,s_5],[s_4,s_5],[s_4,s_5],[s_3,s_4],[s_4,s_5],[s_4,s_5],[s_4,s_5],[s_4,s_5], \\ [s_4,s_5],[s_3,s_5],[s_3,s_4],[s_4,s_5],[s_4,s_5],[s_4,s_5],[s_4,s_5],[s_3,s_5],[s_4,s_5] \end{pmatrix}$$

步骤 3：根据式（5.7）计算每位决策者对不同方案的偏差分量（表 9.11～表 9.13）。

表 9.11　专家 1 偏差分量 $D(\tilde{r}_j^+, \tilde{r}_{ij}^{(1)})$

属性	$D(\tilde{r}_j^+, \tilde{r}_{1j}^{(1)})$	$D(\tilde{r}_j^+, \tilde{r}_{2j}^{(1)})$	$D(\tilde{r}_j^+, \tilde{r}_{3j}^{(1)})$	$D(\tilde{r}_j^+, \tilde{r}_{4j}^{(1)})$	$D(\tilde{r}_j^+, \tilde{r}_{5j}^{(1)})$	$D(\tilde{r}_j^+, \tilde{r}_{6j}^{(1)})$
u_1	s_1	s_4	s_3	s_2	s_1	s_2
u_2	s_4	s_2	s_3	s_2	s_1	s_2
u_3	s_4	s_2	s_3	s_2	s_1	s_2
u_4	s_4	s_4	s_3	s_2	s_1	s_2
u_5	s_3	s_3	s_2	s_1	s_0	s_1
u_6	$s_{1.5}$	$s_{2.5}$	$s_{2.5}$	$s_{2.5}$	$s_{0.5}$	$s_{2.5}$
u_7	$s_{0.5}$	$s_{3.5}$	$s_{2.5}$	$s_{1.5}$	$s_{0.5}$	$s_{1.5}$
u_8	s_0	s_3	s_2	s_1	s_0	s_1
u_9	s_3	s_4	s_3	s_2	s_0	s_1
u_{10}	s_3	s_3	s_2	s_1	s_0	s_1
u_{11}	s_3	s_4	s_3	s_2	s_0	s_1
u_{12}	s_3	s_4	s_3	s_2	s_0	s_1
u_{13}	s_3	s_4	s_3	s_2	s_0	s_1
u_{14}	s_3	s_4	s_3	s_2	s_0	s_1
u_{15}	s_3	s_4	s_3	s_2	s_0	$s_{2.5}$
u_{16}	s_1	s_3	s_1	s_1	s_0	s_1
u_{17}	s_3	s_4	s_3	s_2	s_0	s_1
u_{18}	s_3	s_3	s_3	s_3	s_0	s_3
u_{19}	s_2	s_4	s_2	s_3	s_0	s_3

续表

属性	$D(\tilde{r}_j^+,\tilde{r}_{1j}^{(1)})$	$D(\tilde{r}_j^+,\tilde{r}_{2j}^{(1)})$	$D(\tilde{r}_j^+,\tilde{r}_{3j}^{(1)})$	$D(\tilde{r}_j^+,\tilde{r}_{4j}^{(1)})$	$D(\tilde{r}_j^+,\tilde{r}_{5j}^{(1)})$	$D(\tilde{r}_j^+,\tilde{r}_{6j}^{(1)})$
u_{20}	s_2	s_4	s_2	s_3	s_0	s_3
u_{21}	s_4	s_4	s_3	s_2	s_1	s_2
u_{22}	$s_{3.5}$	$s_{3.5}$	$s_{2.5}$	$s_{1.5}$	$s_{0.5}$	$s_{1.5}$
u_{23}	s_1	s_3	s_1	s_1	s_0	s_1
u_{24}	s_4	s_4	s_3	s_2	s_1	s_2
u_{25}	s_3	s_4	s_3	s_2	s_0	s_1
u_{26}	s_3	s_4	s_3	s_2	s_0	s_1
u_{27}	s_3	s_4	s_3	s_2	s_0	s_1
u_{28}	$s_{3.5}$	$s_{3.5}$	$s_{2.5}$	$s_{1.5}$	$s_{0.5}$	$s_{1.5}$
u_{29}	s_3	s_4	s_1	s_3	s_1	s_3

表 9.12　专家 2 偏差分量 $D(\tilde{r}_j^+,\tilde{r}_{ij}^{(2)})$

属性	$D(\tilde{r}_j^+,\tilde{r}_{1j}^{(2)})$	$D(\tilde{r}_j^+,\tilde{r}_{2j}^{(2)})$	$D(\tilde{r}_j^+,\tilde{r}_{3j}^{(2)})$	$D(\tilde{r}_j^+,\tilde{r}_{4j}^{(2)})$	$D(\tilde{r}_j^+,\tilde{r}_{5j}^{(2)})$	$D(\tilde{r}_j^+,\tilde{r}_{6j}^{(2)})$
u_1	s_2	s_4	s_1	s_2	$s_{1.5}$	s_3
u_2	s_1	s_3	s_2	s_2	s_1	s_3
u_3	s_3	s_3	s_4	s_5	s_0	s_2
u_4	s_1	s_3	$s_{1.5}$	s_4	s_0	s_1
u_5	s_1	s_3	s_1	s_2	$s_{0.5}$	s_2
u_6	$s_{0.5}$	$s_{3.5}$	s_2	$s_{1.5}$	$s_{0.5}$	$s_{3.5}$
u_7	$s_{1.5}$	$s_{2.5}$	s_3	$s_{2.5}$	$s_{0.5}$	$s_{2.5}$
u_8	s_1	$s_{3.5}$	$s_{0.5}$	$s_{0.5}$	s_0	s_2
u_9	s_3	s_4	s_3	$s_{3.5}$	s_1	s_4
u_{10}	s_2	s_5	s_1	s_4	s_1	$s_{0.5}$
u_{11}	s_1	s_2	s_1	s_2	s_1	s_2
u_{12}	$s_{1.5}$	s_3	s_2	s_3	s_2	s_2
u_{13}	$s_{0.5}$	s_2	s_2	$s_{1.5}$	s_1	s_1
u_{14}	$s_{1.5}$	s_2	s_1	s_2	s_1	s_1
u_{15}	s_1	s_1	s_2	s_1	s_1	s_0
u_{16}	s_0	s_1	$s_{0.5}$	s_0	s_0	$s_{0.5}$
u_{17}	s_1	s_1	s_4	s_1	s_1	$s_{0.5}$
u_{18}	s_1	s_3	s_4	s_4	s_1	s_4
u_{19}	s_2	s_2	s_4	s_5	s_1	s_2
u_{20}	s_2	s_2	$s_{1.5}$	s_1	s_0	s_1
u_{21}	s_2	s_2	s_1	s_2	$s_{1.5}$	s_2

属性	$D(\tilde{r}_j^+,\tilde{r}_{1j}^{(2)})$	$D(\tilde{r}_j^+,\tilde{r}_{2j}^{(2)})$	$D(\tilde{r}_j^+,\tilde{r}_{3j}^{(2)})$	$D(\tilde{r}_j^+,\tilde{r}_{4j}^{(2)})$	$D(\tilde{r}_j^+,\tilde{r}_{5j}^{(2)})$	$D(\tilde{r}_j^+,\tilde{r}_{6j}^{(2)})$
u_{22}	$s_{2.5}$	$s_{1.5}$	$s_{1.5}$	$s_{2.5}$	$s_{0.5}$	$s_{1.5}$
u_{23}	s_2	s_2	s_1	$s_{0.5}$	s_1	s_3
u_{24}	s_2	s_4	s_2	s_2	s_2	$s_{0.5}$
u_{25}	s_4	s_5	s_3	s_5	s_1	$s_{4.5}$
u_{26}	s_3	s_3	s_3	s_4	s_0	s_3
u_{27}	s_2	s_4	$s_{1.5}$	s_2	s_1	$s_{3.5}$
u_{28}	s_2	$s_{2.5}$	$s_{1.5}$	$s_{2.5}$	$s_{1.5}$	$s_{1.5}$
u_{29}	$s_{0.5}$	s_3	s_1	s_1	s_0	s_1

表 9.13　专家 3 偏差分量 $D(\tilde{r}_j^+,\tilde{r}_{ij}^{(3)})$

属性	$D(\tilde{r}_j^+,\tilde{r}_{1j}^{(3)})$	$D(\tilde{r}_j^+,\tilde{r}_{2j}^{(3)})$	$D(\tilde{r}_j^+,\tilde{r}_{3j}^{(3)})$	$D(\tilde{r}_j^+,\tilde{r}_{4j}^{(3)})$	$D(\tilde{r}_j^+,\tilde{r}_{5j}^{(3)})$	$D(\tilde{r}_j^+,\tilde{r}_{6j}^{(3)})$
u_1	s_1	s_5	s_5	$s_{2.5}$	s_0	s_2
u_2	s_1	s_4	s_2	$s_{2.5}$	s_0	s_2
u_3	s_1	s_3	s_2	s_2	s_1	s_3
u_4	s_1	s_1	s_4	s_3	s_1	s_4
u_5	s_0	s_2	s_2	s_2	s_0	s_1
u_6	$s_{0.5}$	$s_{2.5}$	$s_{2.5}$	$s_{1.5}$	s_0	$s_{1.5}$
u_7	$s_{0.5}$	$s_{2.5}$	$s_{2.5}$	$s_{2.5}$	s_0	$s_{1.5}$
u_8	s_2	s_3	s_1	s_1	s_0	s_1
u_9	s_2	s_1	s_2	s_2	s_1	s_3
u_{10}	s_1	s_1	s_2	s_2	s_0	s_2
u_{11}	s_2	s_3	s_2	s_3	s_1	s_1
u_{12}	s_2	s_3	s_2	s_3	s_1	s_3
u_{13}	s_2	s_4	s_3	s_3	s_1	s_1
u_{14}	s_2	s_4	s_3	s_3	s_1	s_1
u_{15}	s_2	s_4	s_2	s_4	s_0	s_3
u_{16}	s_1	s_3	s_2	s_2	s_0	$s_{0.5}$
u_{17}	s_3	s_4	s_2	s_1	s_1	s_1
u_{18}	s_3	s_4	s_3	s_2	s_0	s_1
u_{19}	s_3	s_2	s_3	s_3	s_2	s_3
u_{20}	s_4	s_4	s_3	s_2	s_0	s_2
u_{21}	s_2	s_4	s_3	s_3	s_0	s_2
u_{22}	$s_{2.5}$	$s_{3.5}$	$s_{1.5}$	$s_{0.5}$	$s_{0.5}$	$s_{0.5}$
u_{23}	s_2	s_3	s_1	s_1	s_2	s_2

续表

属性	$D(\tilde{r}_j^+, \tilde{r}_{1j}^{(3)})$	$D(\tilde{r}_j^+, \tilde{r}_{2j}^{(3)})$	$D(\tilde{r}_j^+, \tilde{r}_{3j}^{(3)})$	$D(\tilde{r}_j^+, \tilde{r}_{4j}^{(3)})$	$D(\tilde{r}_j^+, \tilde{r}_{5j}^{(3)})$	$D(\tilde{r}_j^+, \tilde{r}_{6j}^{(3)})$
u_{24}	s_3	s_3	s_2	s_1	s_0	s_1
u_{25}	s_3	s_4	s_2	s_3	s_1	s_1
u_{26}	s_2	s_3	s_2	s_1	s_0	s_2
u_{27}	s_3	s_4	s_3	s_2	s_1	s_1
u_{28}	$s_{2.5}$	$s_{2.5}$	$s_{1.5}$	$s_{1.5}$	s_0	$s_{0.5}$
u_{29}	s_3	s_3	s_2	s_1	s_0	s_2

步骤 4：根据式（5.8）计算三位决策者与六个工程总承包二级模式正理想点之间的偏差。

例如，第一位专家与第五个工程总承包二级模式正理想点之间的偏差计算如下：

$$D(\tilde{x}^+, \tilde{x}_5^{(1)}) = \omega_1 D(\tilde{r}_1^+, \tilde{r}_{51}) \oplus \omega_2 D(\tilde{r}_2^+, \tilde{r}_{52}) \oplus \cdots \oplus \omega_{29} D(\tilde{r}_{29}^+, \tilde{r}_{529})$$

$$= 0.0430s_1 \oplus 0.0396s_1 \oplus 0.0106s_1 \oplus 0.0130s_1 \oplus 0.0298s_0 \oplus 0.0231s_{0.5}$$

$$\oplus 0.0274s_{0.5} \oplus 0.0406s_0 \oplus 0.0268s_0 \oplus 0.0380s_0 \oplus 0.0361s_0 \oplus 0.0336s_0$$

$$\oplus 0.0386s_0 \oplus 0.0534s_0 \oplus 0.0298s_0 \oplus 0.0518s_0 \oplus 0.0304s_0 \oplus 0.0417s_0$$

$$\oplus 0.0374s_0 \oplus 0.0245s_0 \oplus 0.0554s_1 \oplus 0.0554s_{0.5} \oplus 0.0266s_0 \oplus 0.0133s_1$$

$$\oplus 0.0413s_0 \oplus 0.0567s_0 \oplus 0.0439s_0 \oplus 0.0138s_{0.5} \oplus 0.0243s_1$$

$$= s_{0.2591}$$

同理可得三位决策者与六个工程总承包二级模式正理想点之间的偏差：

$$D(\tilde{x}^+, \tilde{x}_1^{(1)}) = s_{2.6366} \quad D(\tilde{x}^+, \tilde{x}_2^{(1)}) = s_{3.5878} \quad D(\tilde{x}^+, \tilde{x}_3^{(1)}) = s_{2.5642}$$

$$D(\tilde{x}^+, \tilde{x}_4^{(1)}) = s_{1.9042} \quad D(\tilde{x}^+, \tilde{x}_5^{(1)}) = s_{1.0602} \quad D(\tilde{x}^+, \tilde{x}_6^{(1)}) = s_{1.5583}$$

$$D(\tilde{x}^+, \tilde{x}_1^{(2)}) = s_{1.6534} \quad D(\tilde{x}^+, \tilde{x}_2^{(2)}) = s_{2.7175} \quad D(\tilde{x}^+, \tilde{x}_3^{(2)}) = s_{1.8717}$$

$$D(\tilde{x}^+, \tilde{x}_4^{(2)}) = s_{2.3444} \quad D(\tilde{x}^+, \tilde{x}_5^{(2)}) = s_{0.8136} \quad D(\tilde{x}^+, \tilde{x}_6^{(2)}) = s_{2.0719}$$

$$D(\tilde{x}^+, \tilde{x}_1^{(3)}) = s_{1.9844} \quad D(\tilde{x}^+, \tilde{x}_2^{(3)}) = s_{3.2571} \quad D(\tilde{x}^+, \tilde{x}_3^{(3)}) = s_{2.3732}$$

$$D(\tilde{x}^+, \tilde{x}_4^{(3)}) = s_{2.0962} \quad D(\tilde{x}^+, \tilde{x}_5^{(3)}) = s_{0.4834} \quad D(\tilde{x}^+, \tilde{x}_6^{(3)}) = s_{1.5882}$$

步骤 5：利用 LHA 算子计算三位决策者的集结偏差［假设 LHA 算子的加权向量为（0.4, 0.3, 0.3）］，已知决策者的权重向量 $\lambda_k = (0.34, 0.33, 0.33)$，决策者的人数 $t = 3$，利用 λ、t 以及决策者偏差，求解 $t\lambda_k D(\tilde{x}^+, \tilde{x}_i^{(k)})(i = 1, 2, 3, 4, 5, 6, k = 1, 2, 3)$。

$$3\lambda_1 D(\tilde{x}^+, \tilde{x}_1^{(1)}) = 2.6893 \quad 3\lambda_1 D(\tilde{x}^+, \tilde{x}_2^{(1)}) = 3.6595 \quad 3\lambda_1 D(\tilde{x}^+, \tilde{x}_3^{(1)}) = 2.6154$$

$$3\lambda_1 D(\tilde{x}^+, \tilde{x}_4^{(1)}) = 1.9422 \quad 3\lambda_1 D(\tilde{x}^+, \tilde{x}_5^{(1)}) = 0.2642 \quad 3\lambda_1 D(\tilde{x}^+, \tilde{x}_6^{(1)}) = 1.5894$$

$$3\lambda_2 D(\tilde{x}^+, \tilde{x}_1^{(2)}) = 1.6369 \quad 3\lambda_2 D(\tilde{x}^+, \tilde{x}_2^{(2)}) = 2.6903 \quad 3\lambda_2 D(\tilde{x}^+, \tilde{x}_3^{(2)}) = 1.8530$$

$$3\lambda_2 D(\tilde{x}^+, \tilde{x}_4^{(2)}) = 2.3209 \quad 3\lambda_2 D(\tilde{x}^+, \tilde{x}_5^{(2)}) = 0.8054 \quad 3\lambda_2 D(\tilde{x}^+, \tilde{x}_6^{(2)}) = 2.0512$$

$$3\lambda_3 D(\tilde{x}^+,\tilde{x}_1^{(3)})=1.9645 \quad 3\lambda_3 D(\tilde{x}^+,\tilde{x}_2^{(3)})=3.2245 \quad 3\lambda_3 D(\tilde{x}^+,\tilde{x}_3^{(3)})=2.3493$$
$$3\lambda_3 D(\tilde{x}^+,\tilde{x}_4^{(3)})=2.0752 \quad 3\lambda_3 D(\tilde{x}^+,\tilde{x}_5^{(3)})=0.4786 \quad 3\lambda_3 D(\tilde{x}^+,\tilde{x}_6^{(3)})=1.5723$$

然后求得方案 x_i 和方案正理想点之间的群体偏差（表 9.14）：

$$D(\tilde{x}^+,\tilde{x}_1)=0.4\times s_{2.6893}\oplus 0.3\times s_{1.6369}\oplus 0.3\times s_{1.9645}=s_{2.1561}$$
$$D(\tilde{x}^+,\tilde{x}_2)=0.4\times s_{3.6595}\oplus 0.3\times s_{2.6903}\oplus 0.3\times s_{3.2245}=s_{3.2382}$$
$$D(\tilde{x}^+,\tilde{x}_3)=0.4\times s_{2.6154}\oplus 0.3\times s_{1.8530}\oplus 0.3\times s_{2.3494}=s_{2.3069}$$
$$D(\tilde{x}^+,\tilde{x}_4)=0.4\times s_{1.9422}\oplus 0.3\times s_{2.3209}\oplus 0.3\times s_{2.0752}=s_{2.0957}$$
$$D(\tilde{x}^+,\tilde{x}_5)=0.4\times s_{0.2642}\oplus 0.3\times s_{0.8054}\oplus 0.3\times s_{0.4786}=s_{0.4909}$$
$$D(\tilde{x}^+,\tilde{x}_6)=0.4\times s_{1.5894}\oplus 0.3\times s_{2.0512}\oplus 0.3\times s_{1.5723}=s_{1.7228}$$

表 9.14　备选方案群体偏差值表

方案	备选方案	群体偏差值
x_1	PC	2.1561
x_2	DB	3.2382
x_3	EP + C	2.3069
x_4	E + PC	2.0957
x_5	E + P + C	0.4909
x_6	EPCm	1.7228

步骤 6：利用 $D(\tilde{x}^+,\tilde{x}_i)$ 值对方案排序优选，群体偏差值越小，方案 x_i 越合适。$x_2 > x_3 > x_1 > x_4 > x_6 > x_5$，故最优方案是 x_5，即选择 E + P + C 模式。

9.5　模型决策结果与项目实际情况分析

本章应用"三步走"工程管理模式选择模型对目标村镇医疗项目安徽省铜陵市某县人民医院感染病区项目进行管理模式的选择，得出最优的项目管理模式是工程总承包模式下的 E + P + C 模式，与项目建设实际采用的工程管理模式相符。以下为两种模型下的最优方案表（表 9.15）。

表 9.15　两种模型最优方案表

模型	结果排序	最优方案
案例推理模型（一级模式）	EPC > DBB	EPC
多属性决策模型（二级模式）偏差分量	E + P + C > EPCm > E + PC > PC > EP + C > DB	E + P + C
项目实际采用工程管理模式		E + P + C

对目标村镇医疗项目安徽省铜陵市某县人民医院感染病区项目进行分析如下。

该村镇医疗项目是公共服务配套设施项目，其规模属于大型项目，其中包含了门诊医技楼、住院楼和后勤综合楼的建设。该村镇医疗项目的业主是政府，项目建设受到国家政策的支持，业主对项目建设的工期要求、质量要求以及成本的控制要求都比较高，而且医疗项目复杂程度高，绿色环保要求高。同时，E＋P＋C模式又比较适用于政府投资、国有资金占控股或主导地位的项目，适合大型公共建筑、标准厂房等项目的建设，因此对于该项目采用E＋P＋C模式很合适。

9.6　本　章　小　结

本章在对所选择的安徽省铜陵市某县人民医院感染病区新建项目的特征信息进行分析以及构建村镇医疗项目子案例库后，利用第6章计算得出的指标权重值采用"三步走"工程项目管理模式优选模型确定该项目适用E＋P＋C工程总承包模式。

通过本章对村镇医疗项目案例的实证分析以及实地调研发现，不同地区的经济水平差异导致工程项目建设的资金保障程度不同，业主会选择的工程项目管理模式也不同。当项目建设的资金保障程度比较低时，业主可能会采用DBB模式，拥有部分资金时就会选择发包部分项目内容，分段发包完成工程项目的建设。对于医疗项目来说县城的医疗项目规模可能会比较大，而一般的村镇医疗项目规模都比较小，这样施工单位对完成工程项目的要求也就不同，同时也会影响工程项目管理模式的选择。本章选取的案例在县城且项目规模较大，承包商的资质水平也比较高，同时其资金有保障，因此可以优先考虑选择E＋P＋C模式。但是当其他村镇医疗项目特征与本章研究的目标案例特征有差异时，该模式可能并不适用，还需根据建设项目的特征信息选择更适宜的模式。

第10章 村镇改厕项目案例实证分析

村镇改厕项目是在乡村振兴战略的大背景下诞生的，对于改善村镇的环境卫生，保障村镇居民身体健康具有重要意义。本书选择陕西省某村 2021 年建成的村镇改厕项目作为目标案例，利用当初的项目决策资料进行项目工程管理模式选择。

10.1 村镇改厕新建项目

10.1.1 某村改厕项目概况

本书选择的目标案例是陕西省某村卫生改厕新建项目（表 10.1）。该项目具有两大特点，一是该村是主要人口聚集地，常住人口多，且位于主要公路沿线，交通方便，区位优势明显；二是该村生态环境良好，大部分村民卫生意识强，对于改厕的需求量高。

表 10.1 案例概况表

项目	内容
项目名称	陕西省某村卫生改厕项目
项目类型	环境整治工程
业主类型	政府
项目总投资	141 万元
项目规模	869m^2
主要建设内容	卫生厕所建设，排水管道铺设、便器安装等

10.1.2 项目特征分析

1. 项目特征

项目基于"以人为本、保护环境、尊重自然、宜居宜业"的原则，在设计时尊重当地村民的生活习惯和生态环境，强调将生态理念融入农村改厕项目，在保护生态的条件下尽可能地保留当地特色，较好地考虑了村民生活与环境保护相融合。项目投资额度约是 141 万元，属于小型建设项目。项目类型是村容村貌整治工程，项目内容所涉范围小。施工时考虑垃圾回收利用、运用当地的旧石板作为施工材料、村民以投劳投工的形式参与建设，既节约了成本又保持了当地的特色。

2. 业主特征及目标

该项目业主类型是当地县政府，项目资金全部由政府出资。地方政府有经济发展办公室，有相应的负责建设的专业人员，业主也管理过类似项目，具有一定的经验。该项目贯彻落实国家乡村振兴中生态宜居政策，在项目建设过程中，对于节水、节地、节材、节能以及保护环境的要求也极为严格，因此业主及村民环境保护意识和项目管理参与意愿强烈，对于质量、工期以及成本的要求较高。

3. 外部环境

本农村改厕项目建设，受相应的村镇规划以及乡村振兴建设政策支持，符合国家"厕所革命"的政策，且与当地的生态环境保护相结合，贯穿绿色发展理念，最大限度地保持村庄的自然形态。该项目是将农村的旱厕等不卫生厕所进行改造，从而改善农村环境卫生，保障农村居民身体健康，实现村镇的绿色宜居。项目所处的经济环境水平是第三类，发展水平较高。当地的承包商管理能力也较强，业主也有相应的政府机构专门负责项目的监管。

10.2　指标权重确定

指标权重同 6.2 节结果，见表 10.2。

表 10.2　指标权重表

目标层	一级指标 A_{ij}	二级指标 B_{ij}	ω_{ij}
绿色宜居村镇建设项目管理模式选择指标体系	政治环境 0.1374	E1 国家政策的影响	0.0554
		E2 村镇规划的影响	0.0554
		E3 绿色、环保要求	0.0266
	社会环境 0.1934	E4 村民参与程度	0.0413
		E5 地方政府监管责任	0.0567
		E6 绿色环保信息有效传递	0.0439
		E7 承包商的技术管理能力	0.0243
		E8 当地的经济水平	0.0133
		E9 金融市场的稳定程度	0.0138

目标层	一级指标 A_{ij}	二级指标 B_{ij}	ω_{ij}
绿色宜居村镇建设项目管理模式选择指标体系	项目信息 0.1630	P1 项目类型	0.0430
		P2 项目规模	0.0396
		P5 设计考虑村民的生活习惯	0.0298
		P6 施工要求节能、经济实用	0.0231
		P7 项目风险	0.0274
	业主能力 0.1987	O1 业主类型	0.0406
		O2 业主的人力资源	0.0268
		O3 业主的财务状况	0.0380
		O4 业主的经验	0.0361
		O5 业主的管理能力	0.0336
		P3 投资额度	0.0106
		P4 资金主要来源方式	0.0130
	业主目标要求 0.1736	O6 对质量的要求	0.0386
		O7 对按时完工的要求	0.0534
		O8 对控制成本的要求	0.0298
		O9 对绿色健康安全的要求	0.0518
	业主偏好 0.1339	O10 业主的参与意愿	0.0304
		O11 允许变更的程度	0.0417
		O12 承担风险的意愿	0.0374
		O13 对项目参与方的信任	0.0245

10.3　项目工程管理一级模式的选择

10.3.1　案例的检索与子案例库的构建

对目标农村改厕项目进行检索，确定农村改厕项目的子案例库，基于已构建的案例库以及案例特征的确定，对源案例的案例特征进行符号化的表示，主要分为二值型、数值型、模糊逻辑型以及模糊文本型四大类，通过这四类计算方法得到局部相似度，最后根据最邻近算法确定项目的全局相似度。

1. 案例检索

通过 3.2 节可知，田园综合体项目、现代农业产业项目、村镇文旅项目、村镇医疗项目以及村镇改厕项目几乎没有政策鼓励或优先采用的工程项目管理模式。因此，本章选择村镇改厕项目作为实证对象进行工程项目管理模式选择。通过对案例库的初步筛选，村镇改厕项目成功源案例有五个，具体检索图见图 10.1。

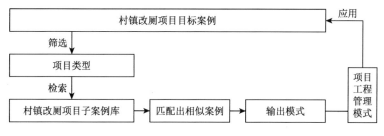

图 10.1　村镇改厕项目案例检索图

2. 村镇改厕项目子案例库的构建

通过对项目类型进行筛选后构建村镇改厕项目子案例库，筛选出的五个村镇改厕项目作为源案例进行比较，本章是将陕西省某村改厕项目作为目标案例，进行案例匹配（图 10.2）。

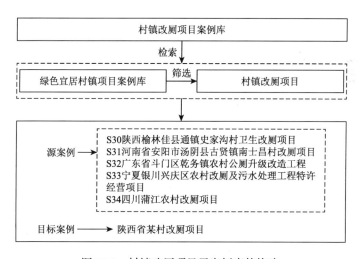

图 10.2　村镇改厕项目子案例库的构建

10.3.2　案例推理模型构建

1. 目标案例与源案例局部相似度计算

选取其中的一个源案例进行详细描述（表 10.3），其他同理可得。采用二值型的案例特征包括业主类型、业主的人力资源、业主的经验、业主的管理能力、业主的财务状况、对质量的要求等 19 个指标；采用数值型的案例特征是投资额度、项目规模、工期以及金融市场的稳定程度等 4 个指标；采用模糊逻辑型的案例特征是当地的经济水平、对控制成本的要求、业主的参与意愿、是否愿意承担风险以及承包商的技术管理能力等 5 个指标；采用模糊文本相似度算法的是项目风险 1 个指标。5 个源案例特征信息及局部相似度见表 10.4，基于式（5.1）～式（5.4），计算出陕西省某村改厕项目与源案例的加权局部相似度（表 10.5）。

表 10.3　目标案例与源案例 S30 的属性相似度计算结果

案例特征	指标填选及单位	目标案例	源案例 S30	相似度
项目是否受国家政策支持	是/否	是	是	1
是否有村镇规划并符合要求	是/否	是	是	1
是否有绿色、环保要求	是/否	是	是	1
村民是否愿意参与	是/否	是	是	1
地方政府监管责任是否落实	是/否	是	是	1
绿色环保信息是否有效传递	是/否	是	是	1
承包商是否有足够的技术管理能力	一级/二级/三级	二级	二级	1
当地的经济水平（省域）	一类/二类/三类/四类	三类	三类	1
金融市场是否稳定	村镇银行营业厅的数量/个	1	3	1
项目类型	1 = 基础设施项目/2 = 公共服务配套/3 = 产业项目/4 = 特色小镇/5 = 田园综合体/6 = 村容村貌整治工程/7 = 搬迁安置工程/8 = 村民自建房/危房改造	村容村貌整治工程	村容村貌整治工程	1
项目规模	m²	869	218	0.976 5
设计是否考虑村民的生活习惯	是/否	是	是	1
施工是否要求节能、经济实用	是/否	是	是	1
项目当地条件是否有风险	文字描述	生态环境较好，大部分村民卫生意识强，较适宜项目建设	生态环境良好，村民卫生意识强，需求量高，适宜项目建设	0.667 4
业主类型	1 = 政府/2 = 社会方/3 = 村集体/4 = 村民	政府	政府	1
业主的人力资源是否丰富	是/否	是	是	1
业主是否有充足的资金	是/否	否	否	1
业主是否有经验	是/否	是	否	0

续表

案例特征	指标填选及单位	目标案例	源案例 S30	相似度
业主是否具备管理能力	是/否	是	是	1
投资额度	万元（人民币）	141	34	1
资金主要来源方式	1 = 政府投资/2 = 社会资本方投资/ 3 = 村集体投资/4 = 村民自筹	政府投资	政府投资	1
项目是否保质量完成	是/否	是	是	1
工期	d	80	35	0.952 8
对控制成本的要求	1 = 好/2 = 合理/3 = 差	合理	合理	1
项目是否有绿色健康安全的 要求	是/否	是	是	1
业主是否愿意参与	1 = 全过程参与/2 = 适度参与/3 = 较 少参与	全过程参与	全过程参与	1
是否允许项目变更	是/否	否	否	1
是否愿意承担风险	1 = 双方承担/2 = 主要由承包商承担/ 3 = 依据自身职能合理划分风险[99]	双方承担	双方承担	1
对项目参与方是否信任	是/否	是	否	0

表 10.4　5 个源案例特征属性局部相似度信息系统

二级指标	S30	S31	S32	S33	S34
E1 国家政策的影响	1	1	1	1	1
E2 村镇规划的影响	1	1	1	1	1
E3 绿色、环保要求	1	1	1	1	1
E4 村民参与程度	1	0	0	0	1
E5 地方政府监管责任	1	1	1	1	1
E6 绿色环保信息有效传递	1	1	1	1	1
E7 承包商的技术管理能力	1	0.6667	0.6667	0.6667	0.6667
E8 当地的经济水平	1	1	1	1	1
E9 金融市场的稳定程度	1	0.6667	0.3333	0	0.6667
P1 项目类型	1	1	1	1	1
P2 项目规模	0.9765	0.9984	1	0.1910	0
P5 设计考虑村民的生活习惯	1	1	1	1	1
P6 施工要求节能、经济实用	1	1	1	1	1
P7 项目风险	0.6674	0.4156	0.5658	0.3567	0.3053
O1 业主类型	1	0	1	0	0
O2 业主的人力资源	1	1	1	1	1

续表

二级指标	S30	S31	S32	S33	S34
O3 业主的财务状况	1	0	0	0	0
O4 业主的经验	0	1	0	1	1
O5 业主的管理能力	1	1	1	1	1
P3 投资额度	1	0.9914	0.9946	0.1166	0
P4 资金主要来源方式	1	1	1	0	0
O6 对质量的要求	1	1	1	1	1
O7 对按时完工的要求	0.9528	0.9795	1	0	0.2882
O8 对控制成本的要求	1	0.6667	0.6667	1	0.6667
O9 对绿色健康安全的要求	1	1	1	1	1
O10 业主的参与意愿	1	0.6667	0.6667	0.3333	0.6667
O11 允许变更的程度	1	0	1	1	1
O12 承担风险的意愿	1	0.6667	0.6667	0.6667	0.3333
O13 对项目参与方的信任	0	1	0	1	1

表 10.5　目标案例与源案例属性特征局部加权相似度

二级指标	S30	S31	S32	S33	S34
E1 国家政策的影响	0.0554	0.0554	0.0554	0.0554	0.0554
E2 村镇规划的影响	0.0554	0.0554	0.0554	0.0554	0.0554
E3 绿色、环保要求	0.0266	0.0266	0.0266	0.0266	0.0266
E4 村民参与程度	0.0413	0	0	0	0.0413
E5 地方政府监管责任	0.0567	0.0567	0.0567	0.0567	0.0567
E6 绿色环保信息有效传递	0.0439	0.0439	0.0439	0.0439	0.0439
E7 承包商的技术管理能力	0.0243	0.0162	0.0162	0.0162	0.0162
E8 当地的经济水平	0.0133	0.0133	0.0133	0.0133	0.0133
E9 金融市场的稳定程度	0.0138	0.0092	0.0046	0	0.0092
P1 项目类型	0.043	0.043	0.043	0.043	0.043
P2 项目规模	0.0387	0.0395	0.0396	0.0076	0
P5 设计考虑村民的生活习惯	0.0298	0.0298	0.0298	0.0298	0.0298
P6 施工要求节能、经济实用	0.0231	0.0231	0.0231	0.0231	0.0231
P7 项目风险	0.0183	0.0114	0.0155	0.0098	0.0084
O1 业主类型	0.0406	0	0.0406	0	0
O2 业主的人力资源	0.0268	0.0268	0.0268	0.0268	0.0268

二级指标	S30	S31	S32	S33	S34
O3 业主的财务状况	0.038	0	0	0	0
O4 业主的经验	0	0.0361	0	0.0361	0.0361
O5 业主的管理能力	0.0336	0.0336	0.0336	0.0336	0.0336
P3 投资额度	0.0106	0.0105	0.0105	0.0012	0
P4 资金主要来源方式	0.013	0.013	0.013	0	0
O6 对质量的要求	0.0386	0.0386	0.0386	0.0386	0.0386
O7 对按时完工的要求	0.0509	0.0523	0.0534	0	0.0154
O8 对控制成本的要求	0.0298	0.0199	0.0199	0.0298	0.0199
O9 对绿色健康安全的要求	0.0518	0.0518	0.0518	0.0518	0.0518
O10 业主的参与意愿	0.0304	0.0203	0.0203	0.0101	0.0203
O11 允许变更的程度	0.0417	0	0.0417	0.0417	0.0417
O12 承担风险的意愿	0.0374	0.0249	0.0249	0.0249	0.0125
O13 对项目参与方的信任	0	0.0245	0	0.0245	0.0245
相似度加权和	0.9268	0.7758	0.7982	0.6999	0.7435

2. 全局相似度计算

基于式（5.5），计算出陕西省某村改厕项目新建项目与源案例的全局相似度见表 10.6。通过计算得出全局相似度在 80% 以上且最高的是 S30 项目案例，并且 S30 项目案例的全局相似度在 90% 以上，因此该农村改厕项目应采用 DBB 模式。

表 10.6　案例属性特征全局相似度

源案例	项目工程管理模式	全局相似度
S30 陕西榆林佳县通镇史家沟村卫生改厕项目	DBB	92.68%
S31 河南省安阳市汤阴县古贤镇南士昌村改厕项目	EPC	77.58%
S32 广东省斗门区乾务镇农村公厕升级改造工程	DBB	79.82%
S33 宁夏银川兴庆区农村改厕及污水处理工程特许经营项目	PPP	69.99%
S34 四川蒲江农村改厕项目	PPP	74.35%

由于 DBB 模式没有二级模式，不用再运用不确定多属性决策模型确定陕西省某村改厕项目工程管理模式的二级模式，因此，此项目最优的工程管理模式是 DBB 模式。

10.4　模型决策结果与项目实际情况分析

本章选取了陕西省某村改厕项目作为目标案例,根据建设项目工程管理模式优选模型最终得到的结果与项目建设过程中实际采用的工程管理模式进行比较,得出最优的项目管理模式是 DBB 模式,印证了选择模型的可靠性和选择结果的正确性。

对陕西省某村改厕新建项目进行分析,具体如下。

首先,该改厕新建项目从建设内容上看,项目类型是村容村貌整治工程,项目内容所涉范围小,主要是卫生厕所建设,排水管道铺设、便器安装等。该项目获得乡村振兴政策的支持,主要是为了改善农村环境卫生,保障农村居民身体健康,对项目的绿色环保等要求高,是实现绿色宜居目标的一种可持续发展模式。

其次,通过案例分析发现,虽然国家政策法规大力推行工程总承包模式,但受项目规模、资金充裕度等影响,仍有许多项目采用传统的 DBB 模式,采用 EPC 模式和 PPP 模式成功的案例较少。村镇改厕项目通过 DBB 建设,业主能更好地对设计和施工过程进行监督管理,从而保证项目绿色、环保、自然的可持续发展品质,提高村镇改厕项目建设的效果。

最后,目前国家政策法规大力推行“厕所革命”,成功的村镇改厕项目是国家实施乡村振兴战略倡导的一种可持续发展模式,具有可复制的示范推广意义,该项目符合纳入案例库的条件。

综合分析,该改厕项目业主是地方政府,项目属于小型项目,受乡村振兴等政策的支持;项目整体设计难度小,绿色环保要求高,村民、村级组织等多主体协调难度低;投资和质量控制要求适中,因此适宜采用 DBB 模式进行运作。对该项目后期跟踪后发现,实际项目工程管理模式也是选用的 DBB 模式,印证了理论模型的正确性。

10.5　本　章　小　结

本章选用陕西省某村改厕项目进行分析。首先对该项目的工程特征进行分析,并从案例库中筛选出改厕项目作为源案例,构建子案例库。其次,运用因子分析法对各指标进行权重判定。最后,运用工程项目管理模式优选模型确定项目的工程管理模式,第一步通过常识和惯例初步判断项目工程管理模式的选择范围;第二步运用较为客观的案例推理方法,对村镇改厕项目进行一级模式的选择,对目标案例进行工程项目管理一级模式匹配,运用最邻近算法计算出全局相似度,选择出超出阈值最高的相似源案例,确定本项目适用的是 DBB。由于 DBB 模式没有二级模式,因此不用确定工程项目管理二级模式,最终结果是 DBB 模式。

第11章　结论与展望

11.1　研　究　结　论

绿色宜居村镇建设，是我国"乡村振兴战略"的总要求之一，各地村镇建设项目类型不断推陈出新，全要素、全产业链融合的项目日益成为主流，工程的复杂程度日益提高。但绿色宜居村镇建设项目工程管理模式却存在不容忽视的问题，主要表现为项目工程管理模式传统、刻板，不同模式存在混用且笼统采用一级模式的问题。对此，本书基于绿色宜居村镇项目案例库的构建，以绿色宜居村镇建设项目为研究对象，研究绿色宜居村镇建设项目工程管理模式优选这一关键问题。本书通过扎根理论建立了绿色宜居村镇建设项目工程管理模式优选的指标体系，利用因子分析法提取公因子以及验证指标体系的分类，并运用案例推理方法以及不确定多属性决策方法进行了项目工程管理模式优选研究。研究内容及结论主要包含以下方面。

1. 建设项目工程管理模式适用性分析

由国家政策可知，环境整治工程中的污水处理、垃圾处理项目以及特色小镇项目可以适用 PPP 模式，绿色宜居村镇中基础设施网络化中的非经营性公路项目、环境整治工程、公共服务配套项目中的学校以及公园项目可以使用 BT 模式；在大型公共项目，基础设施项目中的高速公路可以使用 PFI 模式；在基础设施项目中的电力、水利、收费公路以及环境整治工程中的污水处理项目可以使用 BOT 模式。基础设施项目中的公路项目，公共服务配套项目中的学校建设以及环境整治工程中的垃圾处理可以大致选用 DB 模式；搬迁安置工程、标准厂房以及公共服务中的学校建设可以大致选用 E + P + C 模式。

2. 村镇绿色宜居建设项目工程管理模式研究重点

虽然村镇绿色宜居建设项目大部分都有可参照的工程管理模式，但在乡村振兴战略下创新出的田园综合体项目、现代农业产业项目、村镇文旅项目、村镇医疗项目以及村镇改厕项目目前几乎没有政策文件鼓励或优先采用的工程项目管理模式，所以本书的重点在于这五类项目，从而确定本书的探索范围。

3. 提出了"三步走"的工程项目管理模式优选模型

第一步根据政策文件对工程管理模式进行适用性分析,确定研究范围;第二步可以运用数值型、二值型、模糊逻辑型以及模糊文本型四种局部相似度算法匹配出最相似的案例,确定出项目工程管理一级模式。由于绿色宜居村镇项目大多在建设过程中,成功案例较少且所选用的项目工程管理模式大多是一级模式,不能针对性地选择出二级模式,案例推理方法往往无法匹配出相似的二级模式案例。在这样的情况下,第三步可以借助不确定多属性决策方法选择二级模式,两种主客观结合的方法,使绿色宜居村镇建设项目管理模式选择更具科学性及可操作性。

4. 项目管理模式优选的指标体系确定

基于 10 篇文献分析、18 份政策文件以及近 4 万字的访谈文本建立了绿色宜居村镇建设项目管理模式选择的指标体系,并通过因子分析验证,最终建立了包括政治环境、社会环境、项目信息、业主能力、业主目标要求以及业主偏好 6 个一级指标 29 个二级指标的项目工程管理模式优选指标体系。

5. 项目案例实证分析

通过田园综合体项目、现代农业产业项目、村镇文旅项目、村镇医疗项目以及村镇改厕项目等 5 类项目案例验证了绿色宜居村镇建设项目工程管理模式优选模型的有效性。

6. 研究结论

通过模型建立和项目案例实证分析,得出以下五类绿色宜居村镇典型建设项目管理模式优选的基本结论:田园综合体项目可采用工程总承包模式下的 E+PC 模式;现代农业产业项目可采用 DBB 模式或其他模式;村镇文旅项目可采用 EPC+O&M 模式;村镇医疗项目可用工程总承包模式下的 E+P+C 模式;村镇改厕项目一般可采用 DBB 模式。

11.2 展　　望

本书基于案例推理以及不确定多属性决策方法对绿色宜居村镇建设项目工程管理模式优选问题进行了系统研究,但由于研究时间、课题经费、作者水平和能力有限,研究工作在理论与实践方面还需要进一步完善。

1. 案例库的案例数量需丰富

本书对绿色宜居村镇建设项目进行分析，但由于我国绿色宜居村镇建设刚刚起步，符合入库的已建项目较少且村镇的数据难以获取，大部分是二手资料，成熟案例资料获取较难。因此，本书选择"三步走"工程项目管理模式优选模型。在今后，随着乡村振兴的全面实施和各类项目进一步的建设，建筑市场进一步完善规范，可以进一步完善村镇项目案例库，对相关案例指标可以进行更精确的案例特征表示，可以更好地使用案例推理方法匹配相似案例，有助于提高案例推理的精确度。

2. 建设项目管理工程模式需要不断创新

本书在对绿色宜居村镇建设项目进行分类后发现，有五类典型的绿色宜居村镇项目的工程管理模式还未有成熟的案例可以借鉴，本项目主要是通过借鉴类似成功项目的工程管理模式为拟建项目优选工程管理模式，但有可能源案例的项目工程管理模式不能满足拟建项目的要求。所以在以后的研究中应考虑对建设项目工程管理模式进行创新，有助于打破现有管理模式的局限性，提升绿色宜居村镇项目的管理工作水平，也有助于满足各类项目的适宜工程项目管理模式优选的需求。

参 考 文 献

[1] 新华社. 中共中央关于制定国民经济和社会发展第十四个五年规划和二〇三五年远景目标的建议[EB/OL]. https://www.12371.cn/2020/11/03/ARTI1604398127413120.shtml[2020-11-03].

[2] 财政部，住房和城乡建设部. 关于绿色重点小城镇试点示范的实施意见（财建〔2011〕341 号）[EB/OL]. http://www.gov.cn/zwgk/2011-06/17/content_1886774.htm[2011-06-03].

[3] 住房和城乡建设部，国家发展改革委 财政部. 关于做好 2014 年农村危房改造工作的通知[EB/OL]. http://www.mof.gov.cn/zhengwuxinxi/zhengcefabu/201406/t20140620_1101977.htm[2014-06-20].

[4] 中共中央、国务院出台文件加快推进生态文明建设[EB/OL]. http://www.moa.gov.cn/gk/zcfg/qnhnzc/201505/t20150506_4581636.htm[2015-04-25].

[5] 住房和城乡建设部办公厅. 关于开展 2016 年美丽宜居小镇、美丽宜居村庄示范工作的通知（建办村函〔2016〕827 号）[EB/OL]. http://zfcxjst.gd.gov.cn/cxjs/zcwj/content/post_1382939.html[2016-09-07].

[6] 习近平. 推动我国生态文明建设迈上新台阶[J]. 求是，2019，（3）：1-16.

[7] 中共中央，国务院. 关于实施乡村振兴战略的意见[EB/OL]. http://www.gov.cn/zhengce/2018-02/04/content_5263807.htm[2018-01-02].

[8] 本书编写组. 党的十九届五中全会《建议》学习辅导百问[M]. 北京：学习出版社，党建读物出版社，2020.

[9] 陈清鋆. EPC 模式在乡村地区的探索与反思[J]. 小城镇建设，2018，36（10）：52-59.

[10] 柯洪，刘畅. 工程项目交易方式选择的影响因素重要性排序[J]. 土木工程与管理学报，2014，31（3）：64-68.

[11] 陈勇强，李德祯. 基于贝叶斯网络的工程项目交易方式选择[J]. 科技管理研究，2014，34（2）：220-225.

[12] 强茂山，温祺，江汉臣，等. 建设管理模式匹配关系及其对项目绩效的影响[J]. 同济大学学报（自然科学版），2015，43（1）：160-166.

[13] 曹桢，顾展豪. 乡村振兴背景下农村生态宜居建设探讨——基于浙江的调查研究[J]. 中国青年社会科学，2019，38（4）：100-107.

[14] 李瑶. 农村土地整治工程项目管理模式研究[D]. 合肥：合肥工业大学，2013.

[15] 谭笑，孙杰. 对工程项目管理模式选择影响因素的分析[J]. 中小企业管理与科技（上旬刊），2016，（1）：43.

[16] 曾洁，曹春红. 对工程项目管理模式选择影响因素的分析[J]. 金融经济，2013，（12）：106-108.

[17] 郭璐. 建筑工程项目管理模式选择的影响因素研究[D]. 上海：华东理工大学，2011.

[18] An X W, Wang Z F, Li H M, et al. Project delivery system selection with interval-valued

intuitionistic fuzzy set group decision-making method[J]. Group Decision and Negotiation, 2018，27（4）：689-707.

[19] Khwaja N，O'Brien W J，Martinez M，et al. Innovations in project delivery method selection approach in the Texas Department of transportation[J]. Journal of Management in Engineering, 2018，34（6）：05018010.

[20] Touran A，Gransberg D D，Molenaar K R，et al. Selection of project delivery method in transit: drivers and objectives[J]. Journal of Management in Engineering，2010，27（1）：21-27.

[21] Mollaoglu-Korkmaz S，Swarup L，Riley D. Delivering sustainable，high-performance buildings: influence of project delivery methods on integration and project outcomes[J]. Journal of Management in Engineering，2013，29（1）：71-78.

[22] 姜军，余雪娟，徐永磊. 基于模糊层次分析法的工程承发包模式优选决策[J]. 公路交通科技，2014，31（12）：132-138.

[23] Antoine A L C，Alleman D，Molenaar K R. Examination of project duration，project intensity, and timing of cost certainty in highway project delivery methods[J]. Journal of Management in Engineering，2019，35（1）：04018049.

[24] Demetracopoulou V，O'Brien W J，Khwaja N. Lessons learned from selection of project delivery methods in highway projects：the Texas experience[J]. Journal of Legal Affairs and Dispute Resolution in Engineering and Construction，2020，12（1）：04519040.

[25] 张慧，刘永强，汪小进，等. 基于熵组合权重的调水工程项目管理模式选择[J]. 南水北调与水利科技，2015，（6）：1207-1211.

[26] Moon H S，Cho K M，Hong T H，et al. Selection model for delivery methods for multifamily-housing construction projects[J]. Journal of Management in Engineering，2011，27（2）：106-115.

[27] 沈咏梅，强茂山，王佳宁. 军队工程项目管理模式的评价与选择[J]. 清华大学学报（自然科学版），2010，50（6）：834-838.

[28] 陈清瑜. 基于层次分析法的高校基建项目代建模式选择研究[D]. 广州：暨南大学，2017.

[29] 杨中杰，朱羽凌. 绿色工程项目管理发展环境分析与对策[J]. 科技进步与对策，2017，34（9）：58-63.

[30] 周荔楠. 基于 MAS 的工程项目管理模式选择仿真研究[D]. 西安：西安理工大学，2018.

[31] Khanzadi M，Nasirzadeh F，Hassani S M H，et al. An integrated fuzzy multi-criteria group decision making approach for project delivery system selection[J]. Scientia Iranica，2016，23（3）：802-814.

[32] 陈国柱. 中国美术学院基建项目管理模式优选研究[D]. 南昌：南昌大学，2016.

[33] 孙洁，马杰，刘勇. 基于 AHP 的城市地下综合管廊项目 PPP 模式选择研究[J]. 项目管理技术，2018，（6）：26-31.

[34] 贾学军，江兰. 灾后重建项目的管理模式与选择[J]. 学海，2013，（2）：118-123.

[35] 齐宝库，石强，李杨. 我国政府投资项目管理模式选择与评价[J]. 沈阳建筑大学学报（社会科学版），2010，12（1）：52-56.

[36] 方必和，李瑶. 农村土地整治项目管理模式选择方法研究[J]. 安徽农学通报，2013，19（7）：36-37，84.

[37] Zhao X，Tan Y T，Shen L Y，et al. Case-based reasoning approach for supporting building green retrofit decisions[J]. Building and Environment，2019，160：106210.

[38] Liu J Y，Li H L，Skitmore M，et al. Experience mining based on case-based reasoning for dispute settlement of international construction projects[J]. Automation in Construction，2019，97：181-191.

[39] 黄晓茹. 探究乡村振兴战略背景下村镇建设工程质量监督与管理[J]. 绿色环保建材，2019，（9）：61-62.

[40] 孙俊. 研究现阶段我国村镇建设管理存在的问题及解决对策[J]. 科技与创新，2015，（19）：73.

[41] 庄永德. 加强村镇建设规划与管理的重要性分析[J]. 低碳世界，2020，10（4）：99-100.

[42] 曹璐，谭静，魏来，等. 我国村镇规划建设管理的问题与对策[J]. 中国工程科学，2019，21（2）：14-20.

[43] 曹斌. 乡村振兴的日本实践：背景、措施与启示[J]. 中国农村经济，2018，（8）：117-129.

[44] 张宇，朱立志. 关于"乡村振兴"战略中绿色发展问题的思考[J]. 新疆师范大学学报（哲学社会科学版），2019，40（1）：65-71.

[45] 马毅，赵天宇. 基于数据库分析的东北村镇景观特征与发展模式研究[J]. 建筑学报，2017，（1）：128-133.

[46] 王涛. 东北严寒地区绿色村镇体系的系统构建及综合评价应用研究[D]. 哈尔滨：哈尔滨工业大学，2017.

[47] 胡月，田志宏. 如何实现乡村的振兴？——基于美国乡村发展政策演变的经验借鉴[J]. 中国农村经济，2019，（3）：128-144.

[48] 沈费伟，刘祖云. 发达国家乡村治理的典型模式与经验借鉴[J]. 农业经济问题，2016，（9）：93-102，112.

[49] 马齐如，李莹，程金. 村镇宜居性评价模型的构建研究和实证分析——以黑龙江省绥化市上集镇为例[J]. 经济师，2016，（5）：148-149.

[50] 程金，朱成浩，王世忠，等. 我国北方村镇宜居评价指标体系研究[J]. 山西建筑，2016，42（12）：1-2.

[51] 李莹，马齐如，印兆麟. 有关北方宜居村镇评价指标体系的构建[J]. 山西建筑，2016，42（10）：32-34.

[52] 袁凌，王丽莎，刘晓晖，等. 绿色宜居村镇住宅建造技术体系研究综述[J]. 住区，2019，（6）：104-115.

[53] 李焕，尚春静，李婕，等. 绿色宜居村镇基础设施配建体系的构建研究[J]. 建筑经济，2020，41（7）：101-105.

[54] 杨建斌. 国家审计促进绿色宜居村镇经济作用机制与路径研究[J]. 纳税，2020，（1）：162-163.

[55] 李柏桐，李以通，李晓萍. 绿色宜居村镇住宅建造标准需求分析[J]. 建筑热能通风空调，2021，40（1）：85-89.

[56] 周南南，张可. 我国绿色城镇化发展水平综合评价[J]. 青岛科技大学学报（社会科学版），2021，37（1）：33-40.

[57] 李晶，刘尔斯. 基于 PSR 模型的我国区域绿色创新发展水平评价[J]. 工业技术经济，2021，

40（5）：82-88.

[58] 张友国，窦若愚，白羽洁. 中国绿色低碳循环发展经济体系建设水平测度[J]. 数量经济技术经济研究，2020，37（8）：83-102.

[59] 肖黎明，张润婕，肖沁霖. 中国农村生态宜居水平的动态演进及其地区差距——基于非参数估计与 Dagum 基尼系数分解[J]. 中国农业资源与区划，2021，42（3）：119-130.

[60] 郭凯峰，杨渝，吴先勇，等. 村镇规划管理法理与机构建设思考及地方实践[J]. 规划师，2012，28（10）：18-21.

[61] 刘晓雪. 新时代乡村振兴战略的新要求——2018 年中央一号文件解读[J]. 毛泽东邓小平理论研究，2018，（3）：13-20，107.

[62] 周越. 选择宜居城市影响因素研究[J]. 经济研究导刊，2019，（32）：82-86.

[63] 邹思敏. 绿色建筑全寿命周期工程管理及评价体系研究[D]. 广州：广州大学，2019.

[64] Glaser B G，Strauss A L. The Discovery of Grounded Theory：Strategies for Qualitative Research[M].Chicago：Aldine Publishing Company，1967.

[65] 仲秋雁，郭素，叶鑫，等. 应急辅助决策中案例表示与检索方法研究[J]. 大连理工大学学报，2011，51（1）：137-142.

[66] 李永海. 基于相似案例分析的决策方法与应用研究[D]. 沈阳：东北大学，2014.

[67] CL Hwang，K Yoon. Multiple Attribute Decision Making：Methods and Applications：A State-of-the-Art Survey[M]. New York：Springer-Verlag，1981.

[68] 徐泽水. 不确定多属性决策方法及应用[M]. 北京：清华大学出版社，2004.

[69] 曹力维. 城乡规划标注改革实践之路——基于编制内容的改革创新研究[C]. 2013 中国城市规划年会，2013.

[70] 四川省人民政府办公厅. 关于推行农村小型公共基础设施村民自建的意见[EB/OL]. http://www.sc.gov.cn/10462/10883/11066/2012/5/17/10210352.shtml[2012-05-12].

[71] 高宏宇. DB 与 DBB 模式适用范围在工程项目管理中的应用[J]. 城市建设理论研究（电子版），2018，（27）：48-49.

[72] 王伍仁. EPC 工程总承包管理[M]. 北京：中国建筑工业出版社，2008.

[73] 徐丹. 工程总承包概念的内涵及其与 EPC、DB 的辨析——以 FIDIC 合同条件为参考[J]. 中国工程咨询，2020，（6）：56-62.

[74] 王力淑. 高校基本建设管理问题研究——以 S 大学为个案分析[D]. 长春：吉林财经大学，2012.

[75] 贾义保，陆影. 社会管理视角下农村干群关系研究[J]. 山东社会科学，2013，（5）：67-71.

[76] 屠砚闻. 工程项目管理模式分析[J]. 现代商业，2020，（2）：135-136.

[77] 管玉华，张爱军，刘星宇. 项目管理模式在城市污水处理厂建设工程中的应用[J]. 工程建设与设计，2020，（21）：246-248.

[78] 住房和城乡建设部. 关于进一步推进工程总承包发展的若干意见（建市〔2016〕93 号）[EB/OL]. http://www.gov.cn/gongbao/content/2016/content_5115854.htm[2016-05-20].

[79] 住房和城乡建设部，国家发展改革委. 关于印发房屋建筑和市政基础设施项目工程总承包管理办法的通知（建市规〔2019〕12 号）[EB/OL]. https://www.ndrc.gov.cn/fzggw/jgsj/tzs/sjdt/202001/t20200103_1218429.html?code=&state=123[2020-03-01].

[80] 安徽省住房和城乡建设厅. 关于加快推进房屋建筑和市政基础设施项目工程总承包发

展有关工作的通知（征求意见稿）[EB/OL]. http://dohurd.ah.gov.cn/content/article/55075861 [2020-08-07].

[81] 江苏省住房和城乡建设厅, 省发展改革委. 关于推进房屋建筑和市政基础设施项目工程总承包发展的实施意见[EB/OL]. http://jsszfhcxjst.jiangsu.gov.cn/art/2020/10/10/art_76036_9478050. html[2020-07-23].

[82] 山东省住房和城乡建设厅, 省发展改革委. 关于印发《贯彻〈项目工程总承包管理办法〉十条措施》的通知[EB/OL]. http://zjt.shandong.gov.cn/art/2020/7/14/art_122441_9302311.html [2020-07-14].

[83] 陕西省住房和城乡建设厅. 关于贯彻落实《房屋建筑和市政基础设施项目工程总承包管理办法》的通知[EB/OL]. https://js.shaanxi.gov.cn/zcfagui/2020/6/110441.shtml?t=2031[2020-06-24].

[84] 云南省政府办公厅. 关于在公共服务领域深入推进政府和社会资本合作工作的通知 [EB/OL]. http://www.yn.gov.cn/zwgk/zfgb/2017/2017ndsbq/szfbgtwj/201709/t20170901_145732. html[2017-09-01].

[85] 财政部, 住房和城乡建设部, 农业部, 环境保护部. 关于政府参与的污水、垃圾处理项目全面实施 PPP 模式的通知（财建〔2017〕455 号）[EB/OL]. http://www.gov.cn/xinwen/2017-07/19/content_5211736.htm[2017-07-01].

[86] 财政部, 住房和城乡建设部. 关于市政公用领域开展政府和社会资本合作项目推介工作的通知（财建〔2015〕29 号）[EB/OL]. http://www.gov.cn/zhengce/2016-05/22/content_5075614. htm[2015-02-13].

[87] 住房和城乡建设部, 环境保护部. 关于印发城市黑臭水体整治工作指南的通知（建城〔2015〕130 号）[EB/OL]. https://www.mohurd.gov.cn/gongkai/fdzdgknr/tzgg/201509/20150911_224828.html[2015-08-28].

[88] 住房和城乡建设部, 国家开发银行. 关于推进开发性金融支持小城镇建设的通知（建村〔2017〕27 号）[EB/OL]. https://www.winlawfirm.com/ueditor/asp/upload/file/20170703/14990560625504499.pdf[2017-01-24].

[89] 住房和城乡建设部. 对十三届全国人大一次会议第6361号建议的答复（建建复字〔2018〕3 号）[EB/OL]. http://www.mohurd.gov.cn/ztbd/jytabl/201811/t20181102_238199.html[2018-07-04].

[90] 白居, 李永奎, 卢昱杰, 等. 基于改进 CBR 的重大基础设施工程高层管理团队构建方法及验证[J]. 系统管理学报, 2016, 25（2）: 272-281.

[91] 于建嵘. 当前我国群体性事件的主要类型及其基本特征[J]. 中国政法大学学报, 2009, （6）: 114-120, 160.

[92] 刘方龙, 邱伟年, 吴能全, 等. 探索《隆平之道》企业文化理念体系的构建——基于扎根理论的案例研究[J]. 管理评论, 2019, （6）: 289-304.

[93] 张瑞, 王卓甫, 丁继勇. 增值视角下工程交易模式创新设计的影响因素研究——基于扎根理论的半结构访谈[J]. 科技管理研究, 2018, 38（10）: 196-203.

[94] 尹贻林, 董宇, 王垚. 工程项目信任对风险分担的影响研究: 基于扎根理论的半结构性访谈分析[J]. 土木工程学报, 2015, 48（9）: 117-128.

[95] 李鑫鑫. 我国建设工程项目交易模式选择影响因素分析[D]. 大连: 大连理工大学, 2015.

[96] 张挺, 徐艳梅, 李河新. 乡村建设成效评价和指标内在影响机理研究[J]. 中国人口·资源与环境, 2018, 28（11）: 37-46.

[97] 史燕宇. 基于案例推理的 PPP 项目再谈判触发事件识别研究[D]. 西安：西安建筑科技大学，2019.

[98] 侯玉梅，许成媛. 基于案例推理法研究综述[J]. 燕山大学学报（哲学社会科学版），2011，12（4）：102-108.

[99] 李君兰，张国强，尚时羽，等. 新型智慧城市建设典型模式比较研究[J]. 人工智能，2019，（6）：6-15.

[100] 王津津. 案例推理在决策支持系统中的应用研究[D]. 合肥：合肥工业大学，2010.

[101] 谷梦瑶，李光海，戴之希. 融合事故表征和 CBR 的特种设备事故预测研究[J]. 计算机工程与应用，2020，58（1）：255-267.

[102] 杨炎. 基于模糊聚类和案例推理的滚抛磨块优选模型研究[D]. 太原：太原理工大学，2019.

[103] 戴其宏. 公益性工程项目交易模式研究[D]. 南京：南京林业大学，2013.

[104] 张雪琰. 基于不确定多属性理论的经营性 PPP 项目运行模式决策研究[D]. 成都：西华大学，2019.

附　　录

附录 A　绿色宜居村镇建设项目管理模式选择的调查问卷

尊敬的专家/学者：

您好！我们是"十三五"国家重点研发计划"绿色宜居村镇工程管理与监督模式研究"××××××大学课题组，正在展开绿色宜居村镇建设项目管理模式选择问卷调查。鉴于您丰富的知识和经验，特邀请您对绿色宜居村镇建设项目管理模式选择进行意见反馈。衷心感谢您对我们研究的支持！

第一部分　基　本　信　息

1. 您工作单位类型是：[单选题]

A. 研究机构　　　　　　　B. 政府部门　　　　　　　C. 咨询单位

D. 设计单位　　　　　　　E. 建设单位　　　　　　　F. 高校

G. 其他

2. 您的职称：[单选题]

A. 高　　　　　　　　　　B. 中　　　　　　　　　　C. 初

3. 您从事该行业时间：[单选题]

A. 1 年以下　　　　　　　B. 1～5 年　　　　　　　C. 6～10 年

D. 11～15 年　　　　　　　E. 16～20 年　　　　　　　F. 20 年以上

4. 您工作的城市是_____

第二部分　工程项目管理模式选择重要性的等级调查表

请根据贵公司项目工程管理模式选择的实际情况以及您个人的经验和理解，根据影响程度越大，分值就越高，5 分表示该影响因素对绿色宜居村镇建设项目管理模式选择影响最大，1 分表示影响程度最小，在 1 到 5 分之间进行选择。

一级指标	序号	二级指标	重要性等级				
			不重要	稍微重要	一般重要	比较重要	非常重要
			1	2	3	4	5
政治环境	1	国家政策的影响					
	2	村镇规划的影响					
	3	绿色、环保要求					
社会环境	4	村民参与程度					
	5	地方政府监管责任					
	6	绿色环保信息有效传递					
	7	承包商的技术管理能力					
经济环境	8	当地的经济水平					
	9	金融市场的稳定程度					
项目属性	10	项目类型					
	11	项目规模					
项目资金	12	投资额度					
	13	资金主要来源方式					
项目不确定性	14	设计考虑村民的生活习惯					
	15	施工要求节能、经济实用					
	16	项目风险					
业主能力	17	业主类型					
	18	业主的经验					
	19	业主的人力资源					
	20	业主的管理能力					
	21	业主的财务状况					
业主目标要求	22	对质量的要求					
	23	对按时完工的要求					
	24	对控制成本的要求					
	25	对绿色健康安全的要求					
业主偏好	26	业主的参与意愿					
	27	允许变更的程度					
	28	承担风险的意愿					
	29	对项目参与方的信任					

附录 B　绿色宜居村镇建设项目管理模式决策属性调查问卷

尊敬的专家/学者：

您好！衷心感谢您参与调查。

填表说明：判断江苏省某村田园综合体新建项目更适合哪种模式（适用性），$S = (s_5, s_4, s_3, s_2, s_1, s_0, s_{-1}, s_{-2}, s_{-3}, s_{-4}, s_{-5})$分别代表 $S =$（极好，很好，好，较好，稍好，一般，稍差，较差，差，很差，极差）的语言评估值，比如[s_2, s_3]代表该项目在用 X 模式时某一属性是在较好到好的区间范围内（为了简化专家填表，直接用数字 5～–5 代替）。

二级指标	PC 模式	DB 模式	EP＋C 模式	E＋PC 模式	E＋P＋C 模式	EPCm 模式
项目类型	[□，□]	[□，□]	[□，□]	[□，□]	[□，□]	[□，□]
项目规模	[□，□]	[□，□]	[□，□]	[□，□]	[□，□]	[□，□]
投资额度	[□，□]	[□，□]	[□，□]	[□，□]	[□，□]	[□，□]
资金主要来源方式	[□，□]	[□，□]	[□，□]	[□，□]	[□，□]	[□，□]
设计考虑村民的生活习惯	[□，□]	[□，□]	[□，□]	[□，□]	[□，□]	[□，□]
施工要求节能、经济实用	[□，□]	[□，□]	[□，□]	[□，□]	[□，□]	[□，□]
项目风险	[□，□]	[□，□]	[□，□]	[□，□]	[□，□]	[□，□]
业主类型	[□，□]	[□，□]	[□，□]	[□，□]	[□，□]	[□，□]
业主的人力资源	[□，□]	[□，□]	[□，□]	[□，□]	[□，□]	[□，□]
业主的财务状况	[□，□]	[□，□]	[□，□]	[□，□]	[□，□]	[□，□]
业主的经验	[□，□]	[□，□]	[□，□]	[□，□]	[□，□]	[□，□]
业主的管理能力	[□，□]	[□，□]	[□，□]	[□，□]	[□，□]	[□，□]
对质量的要求	[□，□]	[□，□]	[□，□]	[□，□]	[□，□]	[□，□]
对按时完工的要求	[□，□]	[□，□]	[□，□]	[□，□]	[□，□]	[□，□]
对控制成本的要求	[□，□]	[□，□]	[□，□]	[□，□]	[□，□]	[□，□]
对绿色健康安全的要求	[□，□]	[□，□]	[□，□]	[□，□]	[□，□]	[□，□]
业主的参与意愿	[□，□]	[□，□]	[□，□]	[□，□]	[□，□]	[□，□]
允许变更的程度	[□，□]	[□，□]	[□，□]	[□，□]	[□，□]	[□，□]
承担风险的意愿	[□，□]	[□，□]	[□，□]	[□，□]	[□，□]	[□，□]
对项目参与方的信任	[□，□]	[□，□]	[□，□]	[□，□]	[□，□]	[□，□]
国家政策的影响	[□，□]	[□，□]	[□，□]	[□，□]	[□，□]	[□，□]
村镇规划的影响	[□，□]	[□，□]	[□，□]	[□，□]	[□，□]	[□，□]

二级指标	PC 模式	DB 模式	EP＋C 模式	E＋PC 模式	E＋P＋C 模式	EPCm 模式
绿色、环保要求	[□，□]	[□，□]	[□，□]	[□，□]	[□，□]	[□，□]
当地的经济水平	[□，□]	[□，□]	[□，□]	[□，□]	[□，□]	[□，□]
村民参与程度	[□，□]	[□，□]	[□，□]	[□，□]	[□，□]	[□，□]
地方政府监管责任	[□，□]	[□，□]	[□，□]	[□，□]	[□，□]	[□，□]
绿色环保信息有效传递	[□，□]	[□，□]	[□，□]	[□，□]	[□，□]	[□，□]
金融市场的稳定程度	[□，□]	[□，□]	[□，□]	[□，□]	[□，□]	[□，□]
承包商的技术管理能力	[□，□]	[□，□]	[□，□]	[□，□]	[□，□]	[□，□]

后　记

在付出近四年努力的研究成果即将与读者见面时，回想起 17 位研究团队师生，13 次深入村镇实地调研，与县乡镇村干部 50 多场座谈交流，80 多个村镇建设项目的实地考察，100 多位村民的促膝访谈，看到一个个建设项目让村镇天蓝、水清、山绿、路通、街靓、家和、人富，听到村民感谢党和政府的肺腑之言，禁不住心潮澎湃、感慨万千。从关中平原的武功县到陕北榆林佳县，从秦岭东段南麓的汉字故里洛南县到西周文化的发祥地、佛教名刹法门寺的所在地扶风县，我们无数次地领略到祖国山川的壮丽秀美、中华文化的博大精深、中国人民的聪明智慧、改革开放的巨大成就、组织起来的无穷力量、脱贫攻坚的累累硕果的乡村振兴正当其时。

我们见证了禹平川秦岭原乡景区的百里竹廊、万亩花海、佛山红叶、鞑子梁、农家民宿、风车酒店的休闲浪漫和回归自然；见证了仓颉文化艺术园的仓圣广场、仓颉造字博物馆、洛惠渠景观、洛河源湿地公园宁静肃穆和庄重典雅、黄河滩边万亩枣林硕果累累；通过赤牛坬民俗文化博物馆、木头峪镇古民居、峪口艺术小镇，见证了中国优秀传统文化与现代文化结合的浑然天成，彰显了田园综合体"特色产业 + 文化 + 旅游"发展模式的独特魅力，感受到文化自信的源远流长。

我们目睹了榆林佳县以工促农、以能补农、文旅带农、枣畜富农、中草药惠农的特色做法；目睹了武功县 11.6 万亩猕猴桃、5.1 万只存栏奶山羊和 9580 亩设施农业为主的"3 + X"农业产业体系初步构建；目睹了垫江县引进中惠旅智慧景区管理股份有限公司合作打造的牡丹花海景区、旅游项目、牡丹文化节的芬芳浓郁和五彩缤纷，这些"现代生态农业 + 加工 + 文化 + 旅游"的发展模式，印证了推动农村一二三产业融合发展，丰富乡村经济业态，增加农业附加值的可行性。

我们体验了陕西绿益隆农林发展有限公司高效、绿色、有机农业的辐射带动作用，公司投资 6390 多万元，采用电商 + 基地 + 公司 + 合作社 + 农户的模式，建设现代猕猴桃标准示范园，流转土地 1800 余亩，每亩租金 1000 元/年，吸纳周边 12 个行政村 879 户村民的产业资金，按 9% 兑现红利 110 万元，为附近群众提供 600 个就业岗位，每人每年平均收入 8200 多元，举办技术培训 3000 余人，带动周边群众种植猕猴桃 2000 多亩；体验了陕西农产品加工贸易示范园区武功园区的绿色化、专业化、智慧化，园区包括提供企业总部、金融商务、商业配套、创新研发、餐饮娱乐、居住配套等服务的综合服务区，集金融信息、电子商务、冷链物流、质量检测、产品展销为一体的农产品交易中心，包括粮油、禽畜、果蔬等农产品的精深加工以及农产品剩余物的循环加工区，包括营养保健品、乳制品、生物制品、烘烤食品、方便食品、酒和饮料的高端食品制造区，包括农业观光、健康休闲、科普拓展、生态维护等功能的生态休闲区，创新了"农业现代产业园"发展模式，体现了加强粮食生产功能区、重要农产品生产保护区和特色农产品优势区建设的重要性。

我们感受了各地区以县城、重点镇、园区为特色产业发展核心，加大物流运输设施、仓储设施、物流骨干网建设，重点发展以电子商务为引领的现代物流业。一是加大县城社区和村镇物流配送设施末端网点建设，形成层级合理、规模适当、环节少、成本低、需求匹配的物流仓储配送网络；二是激活农村电子商务生态，大力发展农村买家、卖家，培育县级电子商务综合服务商群体，拓展物流、仓储、代运营服务群体；三是加快农村综合服务创新，建设农产品线上销售支撑体系，推进村民代购服务，鼓励农村O2O模式发展；四是培育一批经济实力雄厚、经营理念和管理方式先进、核心竞争力强的大型冷链物流企业，加快节能环保的各种新型冷链物流技术的自主研发和引进吸收，建立区域性各类生鲜农产品冷链物流公共信息平台，实现数据交换和信息共享。以农产品电商全产业链生态系统为代表的数字村镇建设，打造了共享经济、平台经济等新业态，成为产城融合、一二三产融合发展的纽带。

衷心感谢洛南县、柞水县、武功县、扶风县、丹凤县、山阳县、佳县、鄠邑区、垫江县、兰州新区领导在我们调研期给予的大力支持和帮助！祝愿我们伟大祖国的绿水青山更加秀美，人民更加幸福！